高等学校重点课程教学用书

高等数学练习册

GAODENG SHUXUE LIANXICE

下册

• 南昌航空大学高等数学教研组　编

U0376543

化学工业出版社

·北京·

内容简介

《高等数学练习册》根据高等学校理工类各专业对高等数学课程的教学要求而编写，分为上下两册。本书为下册，内容涵盖第八至十二章；第八章为向量代数与空间解析几何练习题，第九章为多元函数微分法及其应用练习题，第十章为重积分练习题，第十一章为曲线积分与曲面积分练习题，第十二章为无穷级数练习题。每章末配有复习题，书末附有期中、期末试题各两套。

本书可供高等学校理工类各专业高等数学课程学习使用。

图书在版编目（CIP）数据

高等数学练习册 . 下册/南昌航空大学高等数学教研组编 . —北京：化学工业出版社，2022.1（2023.1重印）

高等学校重点课程教学用书

ISBN 978-7-122-40331-5

Ⅰ.①高… Ⅱ.①南… Ⅲ.①高等数学-高等学校-习题集 Ⅳ.①O13-44

中国版本图书馆 CIP 数据核字（2021）第 239827 号

责任编辑：郝英华 唐旭华　　　　　　　　　　装帧设计：韩 飞
责任校对：宋 夏

出版发行：化学工业出版社（北京市东城区青年湖南街 13 号　邮政编码 100011）
印　　装：三河市双峰印刷装订有限公司
787mm×1092mm　1/16　印张 6¼　字数 150 千字　　2023 年 1 月北京第 1 版第 2 次印刷

购书咨询：010-64518888　　　　　　　　售后服务：010-64518899
网　　址：http://www.cip.com.cn
凡购买本书，如有缺损质量问题，本社销售中心负责调换。

定　　价：19.00 元

▣ 前　言

　　本练习册按照同济大学主编的《高等数学》（第七版）的章节顺序，同时结合高等数学课程学习的学时计划编写，每次课程（2学时）安排一次习题，每章安排一次综合练习。本练习册可作为高等数学课程学习的配套教材，适合高等院校理工类各专业学生使用。

　　本练习册依据高等学校理工类各专业对高等数学课程的教学要求而编写，内容上体现了教学的基本要求，涵盖了这些专业所要求的必备知识点。练习册的编写结合线上线下高等数学课程教学及学生学习状况，选题紧扣教材，难度适中、题量适中，选题注重概念及方法的应用。通过本练习册的练习可以帮助学生更好地理解概念、把握重点、了解考研动向、开拓视野，并提高分析问题、解决问题的能力。

　　本练习册分为上、下两册，参加编写的教师有程筠、江慎铭、李曦、李昆、陈凌蕙、熊归凤、明万元、毕公平、潘兴侠、邢秋菊、徐伟、鲍丽娟、黄香蕉、鲁力（按章节顺序），最后由南昌航空大学高等数学教研组审定。

　　由于编者水平有限，书中难免存在不当之处，恳请读者批评指正。

编者

2021 年 10 月

目 录

|第十二章| **无穷级数** 63

第二学期期中考试试题一 79

第二学期期中考试试题二 83

第二学期期末考试试题一 87

第二学期期末考试试题二 91

第八章 │ 向量代数与空间解析几何

第一次练习题

(1) 已知 $Q(2x-1,0,0)$，$M(-2,0,1)$ 和 $N(2,3,0)$ 为等腰三角形的三个顶点，QN 为底边，$x=$ _____ .

(2) 设单位向量 $\vec{a}$，$\vec{b}$ 与 u 轴的夹角分别为 $\dfrac{2\pi}{3}$，$\dfrac{\pi}{4}$，则 $\vec{a}-2\vec{b}$ 在 u 轴上的投影为 _____ .

(3) 下列说法正确的是 (　　).
① 任何向量都有确定的大小和方向；
② 任何向量除以它自己的模都是单位向量；
③ $\vec{a}$，$\vec{b}$ 为非零向量且 $\vec{a}=k\vec{b}$，则 $\vec{a}$ 与 $\vec{b}$ 平行；
④ 只有模为 0 的向量才是零向量.
A. ①②；　　　　　　B. ②③；　　　　　　C. ②④；　　　　　　D. ③④.

(4) 已知点 $M_1(4,\sqrt{2},1)$ 和 $M_2(3,0,2)$，则向量 $\overrightarrow{M_1M_2}$ 的方向角 α,β,γ 分别为
(　　).

A. $\dfrac{\pi}{3}，\dfrac{3\pi}{4}，\dfrac{\pi}{3}$；　　　　　　　　　　B. $\dfrac{2\pi}{3}，\dfrac{\pi}{4}，\dfrac{2\pi}{3}$；

C. $\dfrac{\pi}{3}，\dfrac{3\pi}{4}，\dfrac{2\pi}{3}$；　　　　　　　　　　D. $\dfrac{2\pi}{3}，\dfrac{3\pi}{4}，\dfrac{\pi}{3}$.

（5）已知 $ABCD$ 为平行四边形，K，L 分别为 BC，CD 边的中点，记 $\overrightarrow{AK} = \vec{a}$，$\overrightarrow{AL} = \vec{b}$，试用 $\vec{a}$，$\vec{b}$ 表示向量 $\overrightarrow{BC}$，$\overrightarrow{DC}$.

（6）已知 $\vec{a}$ 的起点坐标为 $(-1, -1, 0)$，$|\vec{a}| = 3$，$\vec{a}$ 的方向余弦 $\cos\alpha = \dfrac{1}{2}$，$\cos\beta = \dfrac{1}{2}$，求向量 $\vec{a}$ 的坐标及终点的坐标.

（7）已知向量 $\overrightarrow{AP} = (2, -3, 6)$，$\overrightarrow{PB} = (-1, 2, -2)$，$PC$ 通过 AB 的中点且 $|\overrightarrow{PC}| = 6\sqrt{2}$，求向量 $\overrightarrow{PC}$ 的坐标.

第二次练习题

(1) 已知 $|\vec{a}|=2$，$|\vec{b}|=1$，$|\vec{a}+\vec{b}|=\sqrt{7}$，则 $(\widehat{\vec{a},\vec{b}})=$ _____ .

(2) 设 $\vec{a}=\{3,5,-2\}$，$\vec{b}=\{2,1,4\}$，且 $\lambda\vec{a}-\vec{b}$ 与 x 轴垂直，则有 $\lambda=$ _____ .

(3) 设 $\vec{p}$，$\vec{q}$ 是互相垂直的单位向量，则以 $\vec{p}+\vec{q}$ 和 $\vec{p}-2\vec{q}$ 为边的平行四边形的面积为 (   ).

    A. 2；   B. 4；   C. 6；   D. 3.

(4) 下列命题正确的个数是 (   ).

① 若 $\vec{a}$ 是非零向量，$\vec{a}\cdot\vec{b}=\vec{a}\cdot\vec{c}$，则 $\vec{b}=\vec{c}$；

② 若 $\vec{a}$ 是非零向量，$\vec{a}\times\vec{b}=\vec{a}\times\vec{c}$，则 $\vec{b}=\vec{c}$；

③ 若 $\vec{a}$，$\vec{b}$，$\vec{c}$ 是非零向量，则 $(\vec{a}\cdot\vec{b})\vec{c}=\vec{a}(\vec{b}\cdot\vec{c})$.

    A. 0；   B. 1；   C. 2；   D. 3.

(5) 已知 $\vec{a}=\vec{i}-\vec{j}+\vec{k}$，$\vec{b}=\vec{j}+3\vec{k}$ 和 $\vec{c}=\vec{i}-2\vec{j}$，求：

① $(\vec{a}\cdot\vec{b})\vec{c}-(\vec{a}\cdot\vec{c})\vec{b}$；

② $(\vec{a}+\vec{b})\times(\vec{b}+\vec{c})$.

(6) 设 $\vec{a}=\{1,1,-1\}$，$\vec{b}=\{1,0,1\}$，试在 $\vec{a}$，$\vec{b}$ 所决定的平面内，求与 $\vec{a}$ 垂直的单位向量.

(7) 设 $|\vec{a}|=2$，$|\vec{b}|=1$，$(\vec{a},\vec{b})=\dfrac{\pi}{3}$，求以 $\overrightarrow{AB}=5\vec{a}+2\vec{b}$ 和 $\overrightarrow{AD}=\vec{a}-3\vec{b}$ 为边的平行四边形两对角线的长度.

第三次练习题

（1）平面 π 过 $A(1,1,-1)$ 和 $B(0,2,-1)$ 两点，且在 x 轴上的截距为 2，则 π 在 y 轴上的截距为_____．

（2）点 $(1,2,-1)$ 到平面 $x+y-z+1=0$ 的距离为_____．

（3）两平面 $x+2y+z=0$，$x-y+2z=3$ 的夹角为（   ）．

A. $\arccos\dfrac{1}{6}$；　　B. $\dfrac{\pi}{3}$；　　C. $\arccos\dfrac{5\sqrt{6}}{18}$；　　D. $\dfrac{2\pi}{3}$．

（4）通过点 $A(2,4,-3)$ 且与平面 $2x+3y-5z-5=0$ 平行的平面方程为（   ）．

A. $2x+3y-5z-11=0$；　　　　B. $2x+3y-5z-31=0$；

C. $x-2y+2z+12=0$；　　　　D. $x-2y+2z=0$．

(5) 一平面过点 $(1,-1,1)$ 且垂直于平面 $x-y+z=7$ 及 $3x+2y-12z+5=0$，求其方程．

(6) 求过点 $M_1(4,1,2)$，$M_2(-3,5,-1)$，且垂直于 $6x-2y+3z+7=0$ 的平面．

(7) 已知三角形的顶点为 $A(2,1,5)$，$B(0,4,1)$，$C(3,4,-7)$，求过点 $M(2,-6,3)$ 且与 $\triangle ABC$ 所在平面平行的平面的方程．

第四次练习题

（1）直线 $\dfrac{x+2}{3}=\dfrac{y-2}{-1}=\dfrac{z+1}{2}$ 和平面 $2x+y+3z+16=0$ 的交点坐标是_____．

（2）如果直线 $\dfrac{x-2}{2}=\dfrac{y+2}{-1}=\dfrac{z-3}{-1}$ 和平面 $x+ky+z-3=0$ 的夹角为 $\dfrac{\pi}{6}$，则 $k=$____．

（3）直线 $L_1:\begin{cases}x+y-1=0\\x-y+z+1=0\end{cases}$，$L_2:\begin{cases}2x-y+z-1=0\\x+y-z+1=0\end{cases}$ 之间的夹角为（　　）．

A. $\dfrac{\pi}{6}$；　　　　　　B. $\dfrac{\pi}{3}$；　　　　　　C. $\dfrac{2\pi}{3}$；　　　　　　D. $\dfrac{5\pi}{6}$．

（4）设直线的对称式方程为 $\dfrac{x}{0}=\dfrac{y}{1}=\dfrac{z}{2}$，则该直线必（　　）．

A. 过原点且垂直于 Ox 轴；　　　　　　B. 过原点且垂直于 Oy 轴；

C. 过原点且垂直于 Oz 轴；　　　　　　D. 过原点且平行于 Ox 轴．

(5) 求两平行直线 L_1：$x=t+1$，$y=2t-1$，$z=t$ 与 L_2：$x=t+2$，$y=2t-1$，$z=t+1$ 之间的距离.

(6) 求过原点且与直线 $\dfrac{x+1}{2}=y-1=\dfrac{z-1}{3}$ 垂直相交的直线方程.

(7) 求过点 $A(-1,0,4)$，且平行于平面 $3x-4y+z-10=0$，又与直线 $\dfrac{x+1}{1}=\dfrac{y-3}{1}=\dfrac{z}{2}$ 相交的直线方程.

第五次练习题

(1) ① 将 xOy 坐标面上的 $y^2 = 2x$ 绕 x 轴旋转一周，生成的曲面方程为_____，曲面名称为_____.

② 将 xOy 坐标面上的 $x^2 + y^2 = 2x$ 绕 x 轴旋转一周，生成的曲面方程为_____，曲面名称为_____.

③ 将 xOy 坐标面上的曲线 $4x^2 - 9y^2 = 36$ 绕 x 轴旋转一周，生成的曲面方程为_____，曲面名称为_____;. 绕 y 轴旋转一周，生成的曲面方程为_____，曲面名称为_____.

(2) 设有点 $A(1,2,3)$ 和 $B(2,-1,4)$，线段 AB 的垂直平分面的方程为_____.

(3) 下列曲线中，绕坐标轴旋转可以得到相同曲面的曲线是（   ）.

① $\begin{cases} 3x^2 + 2y^2 = 1 \\ z = 0 \end{cases}$; ② $\begin{cases} 2y^2 + 3z^2 = 1 \\ x = 0 \end{cases}$; ③ $\begin{cases} 2x^2 + 3y^2 = 1 \\ z = 0 \end{cases}$.

A. ①② ;   B. ①③ ;   C. ②③ ;   D. ①②③.

(4) 下列各曲线中，绕 y 轴旋转得到椭球面 $3x^2 + 2y^2 + 3z^2 = 1$ 的曲线是（   ）.

A. $\begin{cases} 2x^2 + 3y^2 = 1 \\ z = 0 \end{cases}$; B. $\begin{cases} 3y^2 + 2z^2 = 1 \\ x = 0 \end{cases}$; C. $\begin{cases} 3x^2 + 2y^2 = 1 \\ z = 0 \end{cases}$; D. $\begin{cases} 3x^2 + 3z^2 = 1 \\ y = 0 \end{cases}$.

（5）柱面的准线是 xOy 面上的圆周（中心在原点，半径为 1），母线平行于向量 $\vec{g}=\{1,1,1\}$，求此柱面方程.

（6）求与三点 $(2,3,7)$，$(3,-4,6)$，$(4,3,-2)$ 等距离的点的轨迹方程.

（7）画出下列各方程所表示的曲面，并指出曲面的名称：

① $x^2+\dfrac{y^2}{4}-\dfrac{z^2}{9}=1$；② $x^2+\dfrac{y^2}{4}=\dfrac{z}{3}$；③ $x^2+\dfrac{y^2}{4}+\dfrac{z^2}{9}=1$.

第六次练习题

（1）球面 $x^2+y^2+z^2=9$ 与平面 $x+z=1$ 的交线在 xOy 面上的投影方程为_____.

（2）空间曲线 $\begin{cases} \dfrac{x^2}{16}+\dfrac{y^2}{4}-\dfrac{z^2}{5}=1 \\ x-2z+3=0 \end{cases}$ 关于 xOy 面的投影柱面方程为_____.

（3）方程 $\dfrac{x^2}{a^2}+\dfrac{y^2}{b^2}-\dfrac{z^2}{c^2}=1$ $(a,b,c>0)$ 所表示的曲面是（　　）.

A. 椭圆抛物面；　　B. 双叶双曲面；　　C. 单叶双曲面；　　D. 椭球面.

（4）以曲线 $\Gamma:\begin{cases} f(y,z)=0 \\ x=0 \end{cases}$ 为母线，以 Oz 为旋转轴的旋转曲面方程为（　　）.

A. $f(\pm\sqrt{y^2+z^2},x)=0$；　　　　　　B. $f(\pm\sqrt{x^2+z^2},y)=0$；

C. $f(\pm\sqrt{y^2+x^2},z)=0$；　　　　　　D. $f(\pm\sqrt{y^2+x^2})=0$.

（5）求曲线 $\begin{cases} z=x^2+y^2 \\ x+y+z=1 \end{cases}$ 在各坐标面上的投影曲线方程.

（6）求上半球 $0 \leqslant z \leqslant \sqrt{a^2-x^2-y^2}$ 与圆柱体 $x^2+y^2 \leqslant ax$ （$a>0$）的公共部分在 xOy 面及 xOz 面上的投影.

（7）求螺旋线 $x=a\cos\theta$，$y=a\sin\theta$，$z=b\theta$ 在三坐标面上的投影曲线的直角坐标方程.

复习题

（1）设 $(\vec{a}\times\vec{b})\cdot\vec{c}=2$，求 $[(\vec{a}+\vec{b})\times(\vec{b}+\vec{c})]\cdot(\vec{c}+\vec{a})$.

（2）点 $P_0(1,-1,0)$ 到直线 $L_0:\begin{cases}x=z-3\\y=2x-4\end{cases}$ 的垂线记作 l，求过原点和直线 l 的平面方程.

（3）求两异面直线 $L_1:\begin{cases}x=3z-1\\y=2z-3\end{cases}$ 和 $L_2:\begin{cases}y=2x-5\\z=7x+2\end{cases}$ 的公垂线方程.

（4）求直线 $L:\dfrac{x-1}{0}=\dfrac{y}{1}=\dfrac{z}{1}$ 绕 z 轴旋转一周所得旋转曲面的方程.

（5）一平面平行于 y 轴并且过平面 $x+3y+5z-4=0$ 和 $x-y-2z+7=0$ 的交线，求它的方程.

（6）求圆 $\begin{cases}(x-3)^2+(y+2)^2+(z-1)^2=100\\2x-2y-z+9=0\end{cases}$ 的圆心和半径.

（7）求直线 $\begin{cases}2x-4y+z=0\\3x-y-2z-9=0\end{cases}$ 在平面 $4x-y+z=1$ 上的投影直线方程.

第九章 多元函数微分法及其应用

第一次练习题

(1) 设 $f\left(x-y, \dfrac{y}{x}\right) = x^2 - y^2 \ (x \neq 0)$，则 $f(x, y) =$ _____.

(2) 函数 $u = \arcsin \dfrac{1}{x^2 + y^2} + \sqrt{1 - x^2 - y^2}$ 的定义域为_____.

(3) 函数 $f(x, y) = \sin(x^2 + y)$ 在点 $(0, 0)$ 处 ( ).

A. 无定义；　　　　B. 无极限；　　　　C. 有极限但不连续；　　D. 连续.

(4) 函数 $z = f(x, y)$ 在点 $P(x_0, y_0)$ 间断，则正确的是 ( ).

A. 函数 $z = f(x, y)$ 在点 $P(x_0, y_0)$ 一定无定义；

B. 函数 $z = f(x, y)$ 在点 $P(x_0, y_0)$ 极限一定不存在；

C. 函数 $z = f(x, y)$ 在点 $P(x_0, y_0)$ 可能有极限，也可能有定义；

D. 函数 $z = f(x, y)$ 在点 $P(x_0, y_0)$ 有极限，也有定义，但不一定不等于该点的函数值.

（5）请用放缩法求极限 $\lim\limits_{(x,y)\to(\infty,\infty)}\dfrac{x^{\frac{3}{2}}+y^{\frac{3}{2}}}{x^3+y^3}$ 的值.

（6）请用极坐标变换求极限 $\lim\limits_{(x,y)\to(0,0)}\dfrac{\arctan(x^2y)}{x^2+y^2}$ 的值.

（7）证明：极限 $\lim\limits_{(x,y)\to(0,0)}\dfrac{xy^2}{x^3+y^3}$ 不存在.

第二次练习题

(1) 设 $f(x,y) = \ln\tan\left(\dfrac{y}{x}\right)$，则 $\dfrac{\partial f}{\partial x} = $ _____；$\dfrac{\partial f}{\partial y} = $ _____.

(2) 求曲线 $\begin{cases} z = \dfrac{x^2 + y^2}{2} \\ y = 3 \end{cases}$ 在点 $(1,3,5)$ 处的切线对于 x 轴的倾角为_____.

(3) $f(x,y)$ 在点 (x_0, y_0) 处两个偏导数存在是 $f(x,y)$ 在点 (x_0, y_0) 处连续的
（　　）条件.

A. 充分非必要；　　B. 必要非充分；　　C. 充要；　　　　D. 既非必要又非充分.

(4) 函数 $f(x,y) = \begin{cases} \dfrac{y\sin^2 x}{x^3 + y^3}, (x,y) \neq (0,0) \\ 0, (x,y) = (0,0) \end{cases}$ 在点 $(0,0)$ 处（　　）.

A. 连续可导；　　B. 不连续，可导；　　C. 连续不可导；　　D. 不连续不可导.

(5) 设 $z=y^x$，求 $\dfrac{\partial^2 z}{\partial x^2}$，$\dfrac{\partial^2 z}{\partial x \partial y}$.

(6) $f(x,y,z)=xy^3+yz^3+zx^3$，求 $f_{xx}(1,1,1)$，$f_{xz}(1,1,1)$，$f_{yz}(1,1,1)$.

(7) 设 $f(x,y)=\begin{cases} \dfrac{xy}{x^2+y^2}, & (x,y)\neq(0,0) \\ 0, & (x,y)=(0,0) \end{cases}$，计算 $f_x(x,y)$ 及 $f_y(x,y)$.

第三次练习题

(1) $z = \dfrac{y}{x}$，$x = 2$，$y = 1$，$\Delta x = 0.1$，$\Delta y = -0.2$，则 $\Delta z = $ ＿＿＿＿＿＿＿＿＿＿，

$\mathrm{d}z$ ＿＿＿＿＿＿＿＿＿＿．

(2) 设 $u = y^{xz}$，则 $\mathrm{d}u = $ ＿＿＿＿＿＿＿＿＿＿；$\mathrm{d}u \mid_{(1,1,1)} = $ ＿＿＿＿＿．

(3) 设 (x_0, y_0) 是函数 $f(x,y)$ 定义域中的一点，则下列关于函数 $f(x,y)$ 可微、偏导存在与连续说法正确的是（　　）．

A. 若 $f(x,y)$ 在点 (x_0, y_0) 处不连续，则 $f(x,y)$ 在点 (x_0, y_0) 处两个偏导数都不存在；

B. 若 $f(x,y)$ 在点 (x_0, y_0) 处不可微，则 $f(x,y)$ 在点 (x_0, y_0) 处两个偏导数不存在；

C. 若 $f(x,y)$ 在点 (x_0, y_0) 处不连续，则 $f(x,y)$ 在点 (x_0, y_0) 处一定不可微；

D. 若 $f(x,y)$ 在点 (x_0, y_0) 处两个偏导数不连续，则 $f(x,y)$ 在点 (x_0, y_0) 处必不可微．

(4) 设 (x_0, y_0) 是函数 $f(x,y)$ 定义域中的一点，且令 $\rho = \sqrt{\Delta^2 x + \Delta^2 y}$ 及 $B(z)\mid_{(x_0, y_0)} = f_x(x_0, y_0)\mathrm{d}x + f_y(x_0, y_0)\mathrm{d}y$，$\Delta z = f(\Delta x + x_0, \Delta y + y_0) - f(x_0, y_0)$，则关于函数 $f(x,y)$ 在点 (x_0, y_0) 处可微的说法不正确的是（　　）．

A. 存在不依赖 Δx，Δy 而仅与点 (x_0, y_0) 有关的 A, B，使得 $\lim\limits_{\rho \to 0} \dfrac{\Delta z - (A\Delta x + B\Delta y)}{\rho} = 0$，则 $f(x,y)$ 在点 (x_0, y_0) 处可微；

B. 若 $f(x,y)$ 在点 (x_0, y_0) 处两个偏导数 $f_x(x_0, y_0)$，$f_y(x_0, y_0)$ 均存在，且 $\lim\limits_{\rho \to 0} \dfrac{\Delta z - B(z)\mid_{(x_0, y_0)}}{\rho}$ 存在，则 $f(x,y)$ 在点 (x_0, y_0) 处一定可微；

C. 若 $f(x,y)$ 在点 (x_0, y_0) 处两个偏导数 $f_x(x_0, y_0)$，$f_y(x_0, y_0)$ 均存在，若 $\lim\limits_{\rho \to 0} \dfrac{\Delta z - B(z)\mid_{(x_0, y_0)}}{\rho}$ 不存在，则 $f(x,y)$ 在点 (x_0, y_0) 处一定不可微；

D. 若 $f(x,y)$ 在点 (x_0,y_0) 处两个偏导数 $f_x(x_0,y_0)$，$f_y(x_0,y_0)$ 均存在且连续，则 $f(x,y)$ 在点 (x_0,y_0) 处一定可微.

（5）计算 $\sqrt{(1.03)^3+(1.98)^2}$.

（6）$f(x,y,z)=\left(\dfrac{x}{y}\right)^{\frac{1}{z}}$，求 $\mathrm{d}f|_{(1,1,1)}$.

（7）设 $z=f(x,y)=\begin{cases}\dfrac{xy}{\sqrt{x^2+y^2}},(x,y)\neq(0,0)\\0,(x,y)=(0,0)\end{cases}$，讨论 $f(x,y)$ 在点 $(0,0)$ 处的连续性，可微及可偏导性.

第四次练习题

（1）设 $z = e^{x^2+3y}$，$x = \sin t$，$y = \cos^2 t$，则 $\dfrac{\mathrm{d}z}{\mathrm{d}t} = $ _____.

（2）设 $z = x^{x^y}$，则 $\dfrac{\partial z}{\partial x} = $ _____ .

（3）设 $z = x^{2\ln y}$，则 $\dfrac{\partial z}{\partial y}\Big|_{(e,1)} = ($ $)$.

A. 0；   B. 1；   C. 2；   D. $\dfrac{1}{2}$.

（4）设 $z = f(u,v)$，$u = xy$，$v = e^x$，其中 f 具有二阶连续偏导数，则 $\dfrac{\partial^2 z}{\partial x^2} = ($ $)$.

A. $y\,\dfrac{\partial^2 f}{\partial u^2} + 2e^x\,\dfrac{\partial^2 f}{\partial u \partial v} + e^x\,\dfrac{\partial^2 f}{\partial v^2} + e^x\,\dfrac{\partial f}{\partial v}$；

B. $y\,\dfrac{\partial^2 f}{\partial u^2} + 2\,\dfrac{\partial^2 f}{\partial u \partial v} + e^x\,\dfrac{\partial^2 f}{\partial v^2} + e^x\,\dfrac{\partial f}{\partial v}$；

C. $y^2\,\dfrac{\partial^2 f}{\partial u^2} + 2ye^x\,\dfrac{\partial^2 f}{\partial u \partial v} + e^{2x}\,\dfrac{\partial^2 f}{\partial v^2} + e^x\,\dfrac{\partial f}{\partial v}$；

D. $y^2\,\dfrac{\partial^2 f}{\partial u^2} + 2y\,\dfrac{\partial^2 f}{\partial u \partial v} + e^{2x}\,\dfrac{\partial^2 f}{\partial v^2}$.

（5）设 $z = \arctan(x^2 y)$，而 $y = \mathrm{e}^{2x}$，求 $\dfrac{\mathrm{d}z}{\mathrm{d}x}$.

（6）设 $f(u, v)$ 是二元可微函数且具有二阶连续偏导数，$z = f(x^y, y^x)$，求 $\dfrac{\partial z}{\partial x}$，$\dfrac{\partial z}{\partial y}$，$\dfrac{\partial^2 z}{\partial x^2}$.

（7）设 $z = f(u, x, y)$，且 $u = \mathrm{e}^y \cos x$，其中 f 具有二阶连续偏导数，求 $\dfrac{\partial z}{\partial y}$，$\dfrac{\partial^2 z}{\partial x \partial y}$.

第五次练习题

（1）设 $\ln\sqrt{x^2+y^2}=\arctan\dfrac{y}{x}$，则 $\dfrac{dy}{dx}=$ _____．

（2）设 $\dfrac{x}{z}=\cos\dfrac{z}{y}$，则 $\dfrac{\partial z}{\partial x}=$ _____，$\dfrac{\partial z}{\partial y}=$ _____．

（3）设 $z=\ln(3x-2z)-y$，则 $2\dfrac{\partial z}{\partial x}-3\dfrac{\partial z}{\partial y}=$（   ）．

A. 0；   B. -1；   C. 2；   D. 3.

（4）设 $z=f(x,y)$ 是由 $x^2-3xy+5y^2-z^2-2yz-y+1=0$ 所确定的隐函数，则当 $z=1$ 时，$f_y(1,1)=$（   ）．

A. 1；   B. -1；   C. 0；   D. 2.

(5) 设 $\begin{cases} x+y+z=2, \\ x^2+y^2+z^2=10, \end{cases}$ 求 $\dfrac{\mathrm{d}x}{\mathrm{d}z}$, $\dfrac{\mathrm{d}y}{\mathrm{d}z}$.

(6) 设 $z^3-3xyz=a^3$, 求 $\dfrac{\partial z}{\partial x}$, $\dfrac{\partial^2 z}{\partial x \partial y}$.

(7) 设 $\begin{cases} 2ux+(v+y)^2=0, \\ \sin(u-x)+3v^2y=0, \end{cases}$ 求 $\dfrac{\partial u}{\partial x}$, $\dfrac{\partial v}{\partial x}$.

第六次练习题

(1) 设 $\vec{r}=\vec{f}(t)=\sin\left(t+\dfrac{\pi}{3}\right)\vec{i}+\cos(2t)\vec{j}+\ln(t+1)\vec{k}$，则 $\lim\limits_{t\to 0}\vec{f}(t)=$ _____ ，

$\vec{f}'(0)=$ _____ .

(2) 曲线 $\begin{cases} x=t^2+1, \\ y=3t-1, \\ z=t^3 \end{cases}$ 在点 $(2,2,1)$ 处的切线方程为 _____ ，法平

面方程为 _____ .

(3) 空间曲线 $x=t^3-2$，$y=3t-4$，$z=t^2+2$ 在点（　　）处的切线平行于平面 $2y+3z=0$.

A. $(\sqrt[3]{2},2,1)$；　　　B. $(\sqrt[3]{2},2,-1)$；　　C. $(-3,-7,3)$；　　D. $(-3,-1,3)$.

(4) 旋转抛物面 $z=x^2+y^2$ 上点 $(1,1,2)$ 处的切平面与 xOy 面的夹角余弦为（　　）.

A. 1；　　　　　B. -1；　　　　C. $-\dfrac{1}{3}$；　　　　D. $\dfrac{1}{3}$.

（5）求曲线 $\begin{cases} y^2 = 3x, \\ z^2 = 4 + x \end{cases}$ 在点 (x_0, y_0, z_0) 处的切线和法平面方程.

（6）求椭球面 $x^2 + 2y^2 + 3z^2 = 6$ 上平行于平面 $x - 2y + 3z = 0$ 的切平面方程.

（7）试证曲面 $\sqrt{x} + \sqrt{y} + \sqrt{z} = \sqrt{a}$（$a > 0$）上任何点处的切平面在各坐标轴上的截距之和等于 a.

第七次练习题

（1）函数 $z=x^2y^3$ 在点 $(1,2)$ 处沿 $(1,2)$ 到 $(2,3)$ 方向的方向导数为_____.

（2）函数 $z=\mathrm{e}^{x^2-y^3}$ 在点 $M(1,-1)$ 处的梯度 $\mathrm{grad}z\,|_M=$ _____.

（3）对二元函数 $z=f(x,y)$ 而言，以下说法正确的个数为（   ）.

① 若 $f(x,y)$ 的偏导数都存在，则 $f(x,y)$ 沿任一方向的方向导数存在；

② 若沿任一方向的方向导数存在，则函数 $f(x,y)$ 必连续；

③ 若 $f(x,y)$ 沿任一方向的方向导数存在，则 f_x,f_y 存在.

A. 0；   B. 1；   C. 2；   D. 3.

（4）若函数 $u=u(x,y,z)$ 在点 (x,y,z) 处的三个偏导数均连续且不全为 0，则向量 $\left(\dfrac{\partial u}{\partial x},\dfrac{\partial u}{\partial y},\dfrac{\partial u}{\partial z}\right)$ 的方向是函数 u 在点 (x,y,z) 处（   ）.

A. 变化率最小的方向；

B. 变化率最大的方向；

C. 可能是变化率最小的方向，也可能是变化率最大的方向；

D. 既不是变化率最小的方向，也不是变化率最大的方向.

（5）求函数 $u = e^z - xz^2 + 2yz$ 在点 $(1,1,2)$ 处沿方向角为 $\alpha = \dfrac{\pi}{4}$，$\beta = \dfrac{\pi}{3}$，$\gamma = \dfrac{\pi}{3}$ 的方向的方向导数.

（6）求函数 $u = x + y + z$ 在球面 $x^2 + y^2 + z^2 = 1$ 上点 (x_0, y_0, z_0) 处，沿球面在该点的内法线方向的方向导数.

（7）求函数 $u = xy^2z$ 在点 $P_0(-1, -2, 1)$ 处变化最快的方向，并求沿这个方向的方向导数.

第八次练习题

（1）函数 $z = x^3 + y^3 - 3xy$ 的驻点为_____ ，极值点为_____.

（2）函数 $f(x,y) = x^2 - 2x + 2y$ 在矩形域 $D = \{(x,y) \mid 0 \leqslant x \leqslant 3, 1 \leqslant y \leqslant 2\}$ 上的最大值为____，最小值为_____.

（3）函数 $z = 4(x-y) - x^2 - y^2$（   ）.

A. 有极大值 $z(2,-2) = 8$；

B. 有极小值 $z(2,-2) = 8$；

C. 有极大值 $z(1,1) = -2$ 及极小值 $z(-1,-1) = -2$；

D. 无极值.

（4）设函数 $z = f(x,y)$ 在点 $P(x_0, y_0)$ 处可微，则 $f_x(x_0, y_0) = f_y(x_0, y_0) = 0$ 是函数 $f(x,y)$ 在点 P 处取到极值的（   ）.

A. 充分必要条件；   B. 充分条件；   C. 必要条件；   D. 既非充分也非必要条件.

（5）求函数 $f(x,y)=e^{3x}(x+y^2+2y)$ 的极值.

（6）求 $u=xy^2z^3$ 满足条件 $x+y+2z=a$ 的条件极值.

（7）求函数 $z=\sin x+\sin y-\sin(x+y)$ 在闭区域 $\{(x,y)\,|\,x\geqslant 0,y\geqslant 0,x+y\leqslant 2\pi\}$ 上的最值.

复习题

（1）设 $u = e^{x^2 + y^2 + z^2}$，$z = x + 2y^2$，求 du.

（2）设 $z = \dfrac{1}{x} f(xy) + y\varphi(x+y)$，其中 f 和 φ 有连续的二阶偏导数，求 $\dfrac{\partial^2 z}{\partial x \partial y}$.

（3）设 $w = f(x, y, z)$，$z = z(x, y)$ 由方程 $z^5 - 5xy + 5z = 1$ 确定，其中 f 有连续的二阶偏导数，求 $\dfrac{\partial w}{\partial x}$，$\dfrac{\partial^2 w}{\partial x^2}$.

（4）求曲面 $x^2+y^2+z^2-xy-3=0$ 上同时垂直于平面 $z=0$，$x+y-1=0$ 的切平面方程.

（5）求函数 $f(x,y,z)=\mathrm{e}^{xyz}+x^2+yz$ 在点 $(1,1,1)$ 处沿曲线 $x=t^2$，$y=t$，$z=2t^3-1$ 在该点处切线方向的方向导数.

（6）求平面 $\dfrac{x}{3}+\dfrac{y}{6}+\dfrac{z}{4}=1$ 和柱面 $x^2+y^2=5$ 的交线上与 xOy 平面距离最短的点.

| 第十章 | 重积分 |

第一次练习题

(1) 设函数 $f(x,y)$ 在闭区域 D 上非负且连续，则二重积分 $\iint\limits_D f(x,y)\mathrm{d}\sigma$ 在几何上表示 _____.

(2) 设 $D=\{(x,y)\mid x^2+y^2\leqslant a^2\}$，且函数 $f(x,y)$ 在闭区域 D 上连续. 若 $\forall\,(x,y)\in D$，$f(x,y)=b$，则 $\iint\limits_D f(x,y)\mathrm{d}\sigma=$ _____；若 $\forall\,(x,y)\in D$，$f(-x,y)=-f(x,y)$，则 $\iint\limits_D f(x,y)\mathrm{d}\sigma=$ _____.

(3) 设 $D=\left\{(x,y)\mid \dfrac{1}{4}\leqslant x^2+y^2\leqslant 1\right\}$，若 $I_1=\iint\limits_D \ln(x^2+y^2)\mathrm{d}\sigma$，$I_2=\iint\limits_D (x^2+y^2)\mathrm{d}\sigma$，$I_3=\iint\limits_D \dfrac{1}{x^2+y^2}\mathrm{d}\sigma$，则 I_1，I_2，I_3 的大小顺序为(　　).

A. $I_1\leqslant I_2\leqslant I_3$；　B. $I_1\leqslant I_3\leqslant I_2$；　C. $I_2\leqslant I_3\leqslant I_1$；　D. $I_3\leqslant I_2\leqslant I_1$.

(4) 以下叙述中正确的是(　　).

A. 若二重积分 $\iint\limits_D f(x,y)\mathrm{d}\sigma$ 存在，则函数 $f(x,y)$ 在闭区域 D 上连续；

B. 设闭区域 D 的面积为 S，若 $\iint\limits_D f(x,y)\mathrm{d}\sigma=S$，则被积函数 $f(x,y)=1$；

C. 若 $f(x,y)\leqslant 0$，且 $f(x,y)$ 不恒为零，则有 $\iint\limits_D f(x,y)\mathrm{d}\sigma<0$；

D. 若 $f(x,y)$ 为占据闭区域 D 的平面薄片的密度，则 $\iint\limits_D f(x,y)\mathrm{d}\sigma$ 表示该平面薄片的质量.

(5) 试估计二重积分 $I = \iint\limits_{D} (x^2 + y^2 + 1) \mathrm{d}\sigma$ 的值，其中 $D = \{(x,y) \mid |x| + |y| \leqslant 1\}$.

(6) 利用二重积分的几何意义计算 $\iint\limits_{D} \sqrt{x^2 + y^2} \mathrm{d}\sigma$，其中 $D = \{(x,y) \mid x^2 + y^2 \leqslant 1\}$.

(7) 设函数 $f(x,y)$ 在有界区域 D 上连续，其中 $D = \{(x,y) \mid (x-x_0)^2 + (y-y_0)^2 \leqslant r^2\}$，试求极限 $\lim\limits_{r \to 0^+} \dfrac{1}{\pi r^2} \iint\limits_{D} f(x,y) \mathrm{d}\sigma$.

第二次练习题

(1) 设 D 是由曲线 $x = \sqrt{y}$ 与直线 $y = 2$，$x = 0$ 所围成的闭区域，将二重积分 $\iint\limits_{D} f(x, y)\mathrm{d}x\mathrm{d}y$ 化为二次积分，其形式为 _____ 或 _____ .

(2) 设 D 是由直线 $y = x$，$y = \dfrac{x}{2}$ 与 $x = 2$ 所围成的闭区域，则 $\iint\limits_{D} \dfrac{\sin x}{x}\mathrm{d}\sigma =$ _____ .

(3) 二重积分 $\displaystyle\int_0^1 \mathrm{d}y \int_{\sqrt{y}}^1 f(x, y)\mathrm{d}x + \int_{-1}^0 \mathrm{d}y \int_{-y}^1 f(x, y)\mathrm{d}x = ($ 　 $)$.

A. $\displaystyle\int_{-1}^1 \mathrm{d}x \int_{-x}^{x^2} f(x, y)\mathrm{d}y$;　　　　　　B. $\displaystyle\int_0^1 \mathrm{d}x \int_{-1}^1 f(x, y)\mathrm{d}y$;

C. $\displaystyle\int_0^1 \mathrm{d}x \int_{-x}^{x^2} f(x, y)\mathrm{d}y$;　　　　　　D. $\displaystyle\int_0^1 \mathrm{d}x \int_{x^2}^x f(x, y)\mathrm{d}y$.

(4) 设 D 为直线 $y = x$ 与曲线 $y = x^2$ 所围成的闭区域，$I = \iint\limits_{D} f(x, y)\mathrm{d}\sigma$，则下面正确的是(　).

① $I = \displaystyle\int_0^1 \mathrm{d}x \int_{x^2}^x f(x, y)\mathrm{d}y$;　　　　　　② $I = \displaystyle\int_0^1 \mathrm{d}y \int_y^{\sqrt{y}} f(x, y)\mathrm{d}x$;

③ $I = \displaystyle\int_0^1 \mathrm{d}x \int_x^{x^2} f(x, y)\mathrm{d}y$;　　　　　　④ $I = \displaystyle\int_0^1 \mathrm{d}y \int_{\sqrt{y}}^y f(x, y)\mathrm{d}x$

A. ①和②;　　　B. ①和④;　　　C. ②和③;　　　D. ③和④.

(5) 计算二重积分 $\iint\limits_{D} xy \, \mathrm{d}x\mathrm{d}y$，其中 D 是由曲线 $y = \dfrac{1}{x}$ 及直线 $y = x$，$x = 2$ 所围成的闭区域.

(6) 计算二重积分 $\iint\limits_{D} y\mathrm{e}^{xy} \, \mathrm{d}x\mathrm{d}y$，其中积分区域 D 由不等式 $-1 \leqslant x \leqslant 0$ 及 $0 \leqslant y \leqslant 1$ 确定.

(7) 计算二重积分 $\iint\limits_{D} (x+y) \, \mathrm{d}x\mathrm{d}y$，其中 D 是由曲线 $x = 1 + y^2$ 及直线 $x + 2y = 0$，$x - 2y = 0$ 所围成的闭区域.

第三次练习题

(1) 若 $D = \{(x,y) \mid \pi^2 \leqslant x^2 + y^2 \leqslant 4\pi^2\}$，则 $\displaystyle\iint\limits_{D} \cos\sqrt{x^2+y^2}\,\mathrm{d}x\,\mathrm{d}y = $ _____ .

(2) 若 $D = \{(x,y) \mid x^2 + y^2 \leqslant 1, x+y \geqslant 1\}$，则 $\displaystyle\iint\limits_{D} \dfrac{x+y}{x^2+y^2}\mathrm{d}x\,\mathrm{d}y = $ _____ .

(3) 若 $D = \{(x,y) \mid (x-1)^2 + y^2 \leqslant 1\}$，则二重积分 $\displaystyle\iint\limits_{D} f(x,y)\mathrm{d}x\,\mathrm{d}y$ 化成累次积分

为 (   ).

A. $\displaystyle\int_0^{\pi}\mathrm{d}\theta\int_0^{2\cos\theta} f(r\cos\theta, r\sin\theta)r\,\mathrm{d}r$ ；
B. $\displaystyle\int_{-\pi}^{\pi}\mathrm{d}\theta\int_0^{2\cos\theta} f(r\cos\theta, r\sin\theta)r\,\mathrm{d}r$ ；

C. $\displaystyle\int_{-\frac{\pi}{2}}^{\frac{\pi}{2}}\mathrm{d}\theta\int_0^{2\cos\theta} f(r\cos\theta,\ r\sin\theta)r\,\mathrm{d}r$ ；
D. $\displaystyle 2\int_0^{\frac{\pi}{2}}\mathrm{d}\theta\int_0^{2\cos\theta} f(r\cos\theta,\ r\sin\theta)r\,\mathrm{d}r$.

(4) 将极坐标系下的积分 $\displaystyle\int_0^{\frac{\pi}{3}}\mathrm{d}\theta\int_0^1 f(r\cos\theta, r\sin\theta)r\,\mathrm{d}r$ 化为直角坐标系下的累次积分，则

下面正确的是 (   ).

A. $\displaystyle\int_0^{\frac{1}{2}}\mathrm{d}y\int_{\frac{\sqrt{3}}{3}y}^{\sqrt{1-y^2}} f(x,y)\mathrm{d}x$ ；
B. $\displaystyle\int_0^{\frac{\sqrt{3}}{2}}\mathrm{d}y\int_{\sqrt{1-y^2}}^{\sqrt{3}\,y} f(x,y)\mathrm{d}x$ ；

C. $\displaystyle\int_0^{\frac{\sqrt{3}}{2}}\mathrm{d}x\int_0^{\frac{\sqrt{3}}{3}x} f(x,y)\mathrm{d}y + \int_{\frac{\sqrt{3}}{2}}^1\mathrm{d}x\int_0^{\sqrt{1-x^2}} f(x,y)\mathrm{d}y$ ；

D. $\displaystyle\int_0^{\frac{1}{2}}\mathrm{d}x\int_0^{\sqrt{3}\,x} f(x,y)\mathrm{d}y + \int_{\frac{1}{2}}^1\mathrm{d}x\int_0^{\sqrt{1-x^2}} f(x,y)\mathrm{d}y$.

(5) 计算 $\displaystyle\iint\limits_{D}\sqrt{y}\,\mathrm{d}x\,\mathrm{d}y$， 其中积分区域 $D=\{(x,y)\,|\,x^2+y^2\leqslant y\}$.

(6) 试用二重积分求心形线 $r=a(1+\cos\theta)$ 所围区域的面积.

(7) 计算 $\displaystyle\iint\limits_{D}\sqrt{x^2+y^2-2xy}\,\mathrm{d}x\,\mathrm{d}y$，其中积分区域 $D=\{(x,y)\,|\,x^2+y^2\leqslant 1,x\geqslant 0,y\geqslant 0\}$.

第四次练习题

(1) 设 $I = \iiint\limits_{\Omega} f(x,y,z)\mathrm{d}x\mathrm{d}y\mathrm{d}z$，其中 Ω 是由曲面 $z = x^2 + y^2$ 与平面 $z = 1$ 所围成的闭区域，则用先一后二法把 I 化为直角坐标系下的积分为 _____，而用先二后一法把 I 化为直角坐标系下的积分为 _____.

(2) 设 $I = \iiint\limits_{\Omega} f(x,y,z)\mathrm{d}x\mathrm{d}y\mathrm{d}z$，若 Ω 是由平面 $z = 1$ 及曲面 $z = -\sqrt{1-x^2-y^2}$，$x^2 + y^2 = 1$ 所围成的闭区域，则把 I 化为直角坐标系下的三次积分为 _____.

(3) 设 $I_1 = \iiint\limits_{\Omega} \ln(3-x-y-z)\mathrm{d}x\mathrm{d}y\mathrm{d}z$，$I_2 = \iiint\limits_{\Omega} (x+y+z)\mathrm{d}x\mathrm{d}y\mathrm{d}z$，其中 Ω 是由平面 $x+y+z = 1$，$x+y+z = 2$ 及三个坐标面所围成的闭区域，则下面正确的是( ).

A. $I_1 < I_2$；   B. $I_1 > I_2$；   C. $I_1 = I_2$；   D. 无法判断.

(4) 设有两个空间闭区域，分别为 $\Omega_1 = \{(x,y,z) \mid x^2 + y^2 + z^2 \leqslant 1, z \geqslant 0\}$，$\Omega_2 = \{(x,y,z) \mid x^2 + y^2 + z^2 \leqslant 1, x \geqslant 0, y \geqslant 0, z \geqslant 0\}$，则下面正确的是( ).

A. $\iiint\limits_{\Omega_1} x\mathrm{d}x\mathrm{d}y\mathrm{d}z = 4\iiint\limits_{\Omega_2} x\mathrm{d}x\mathrm{d}y\mathrm{d}z$；   B. $\iiint\limits_{\Omega_1} y\mathrm{d}x\mathrm{d}y\mathrm{d}z = 4\iiint\limits_{\Omega_2} y\mathrm{d}x\mathrm{d}y\mathrm{d}z$；

C. $\iiint\limits_{\Omega_1} z\mathrm{d}x\mathrm{d}y\mathrm{d}z = 4\iiint\limits_{\Omega_2} z\mathrm{d}x\mathrm{d}y\mathrm{d}z$；   D. $\iiint\limits_{\Omega_1} xyz\mathrm{d}x\mathrm{d}y\mathrm{d}z = 4\iiint\limits_{\Omega_2} xyz\mathrm{d}x\mathrm{d}y\mathrm{d}z$.

(5) 计算三重积分 $\iiint\limits_{\Omega} x\,\mathrm{d}x\,\mathrm{d}y\,\mathrm{d}z$，其中 Ω 是由平面 $z=0$，$x+z=1$ 及曲面 $x=y^2$ 所围成的闭区域.

(6) 设 $I=\iiint\limits_{\Omega} xy\,\mathrm{d}x\,\mathrm{d}y\,\mathrm{d}z$，其中 Ω 是由曲面 $z=xy$ 与平面 $x+y-1=0$ 及 xOy 面所围成的闭区域.

(7) 计算三重积分 $\iiint\limits_{\Omega} z\,\mathrm{d}x\,\mathrm{d}y\,\mathrm{d}z$，其中 Ω 是由曲面 $z=\sqrt{x^2+y^2}$ 及平面 $z=1$，$z=2$ 所围成的闭区域.

第五次练习题

（1）将直角坐标系下的三次积分 $\int_{-1}^{1} \mathrm{d}x \int_{-\sqrt{1-x^2}}^{\sqrt{1-x^2}} \mathrm{d}y \int_{x^2+y^2}^{\sqrt{x^2+y^2}} f(x,y,z)\mathrm{d}z$ 化为柱面坐标系下的三次积分为 _____ .

（2）将直角坐标系下的三次积分 $\int_{-3}^{3} \mathrm{d}x \int_{-\sqrt{9-x^2}}^{\sqrt{9-x^2}} \mathrm{d}y \int_{0}^{3-\sqrt{x^2+y^2}} f(x,y,z)\mathrm{d}z$ 化为球面坐标系下的三次积分为 _____ .

（3）设 Ω 是由曲面 $z=\sqrt{x^2+y^2}$ 及平面 $z=2$ 所围成的闭区域，则用先二后一法可将 $\iiint\limits_{\Omega} f(x,y,z)\mathrm{d}x\mathrm{d}y\mathrm{d}z$ 化为（   ）.

A. $\int_{0}^{2}\mathrm{d}z\iint\limits_{\substack{0\leqslant r\leqslant\sqrt{z}\\0\leqslant\theta\leqslant 2\pi}} f(r\cos\theta,r\sin\theta,z)r\mathrm{d}r\mathrm{d}\theta$;　　B. $\int_{0}^{r}\mathrm{d}z\iint\limits_{\substack{0\leqslant r\leqslant\sqrt{z}\\0\leqslant\theta\leqslant 2\pi}} f(r\cos\theta,r\sin\theta,z)r\mathrm{d}r\mathrm{d}\theta$;

C. $\int_{0}^{2}\mathrm{d}z\iint\limits_{\substack{0\leqslant r\leqslant z\\0\leqslant\theta\leqslant 2\pi}} f(r\cos\theta,r\sin\theta,z)r\mathrm{d}r\mathrm{d}\theta$;　　D. $\int_{0}^{r}\mathrm{d}z\iint\limits_{\substack{0\leqslant r\leqslant z\\0\leqslant\theta\leqslant 2\pi}} f(r\cos\theta,r\sin\theta,z)r\mathrm{d}r\mathrm{d}\theta$.

（4）若 Ω_1 是由两个半球 $z=\sqrt{a^2-x^2-y^2}$，$z=\sqrt{b^2-x^2-y^2}(0<a<b)$ 及平面 $z=0$ 所围成的闭区域，则 $\iiint\limits_{\Omega} f(x,y,z)\mathrm{d}x\mathrm{d}y\mathrm{d}z=$（   ）.

A. $\int_{0}^{2\pi}\mathrm{d}\theta\int_{0}^{\pi}\mathrm{d}\varphi\int_{a}^{b} F(r,\theta,\varphi)\mathrm{d}r$;　　　　　B. $\int_{0}^{2\pi}\mathrm{d}\theta\int_{0}^{\frac{\pi}{2}}\mathrm{d}\varphi\int_{a}^{b} F(r,\theta,\varphi)\mathrm{d}r$;

C. $\int_{0}^{2\pi}\mathrm{d}\theta\int_{0}^{\frac{\pi}{2}}\mathrm{d}\varphi\int_{0}^{b} F(r,\theta,\varphi)\mathrm{d}r$;　　　　　D. $\int_{0}^{2\pi}\mathrm{d}\theta\int_{0}^{\frac{\pi}{2}}\mathrm{d}\varphi\int_{0}^{a} F(r,\theta,\varphi)\mathrm{d}r$.

(5) 计算三重积分 $\iiint\limits_{\Omega} \sqrt{x^2+y^2+z^2}\,\mathrm{d}x\,\mathrm{d}y\,\mathrm{d}z$，其中 Ω 是由曲面 $x^2+y^2+z^2=z$ 所围成的闭区域.

(6) 计算三重积分 $\iiint\limits_{\Omega} z\,\mathrm{d}x\,\mathrm{d}y\,\mathrm{d}z$，其中 Ω 是由曲面 $z=\sqrt{2-x^2-y^2}$ 及 $z=\sqrt{x^2+y^2}$ 所围成的闭区域.

(7) 设 Ω 为曲线 $\begin{cases} y^2=z \\ x=0 \end{cases}$ 绕 z 轴旋转一周形成的曲面与平面 $z=2$ 所围成的闭区域，求 $I=\iiint\limits_{\Omega}(x^2+y^2+z)\,\mathrm{d}x\,\mathrm{d}y\,\mathrm{d}z$.

第六次练习题

（1）球面 $x^2 + y^2 + z^2 = 4$ 被平面 $z = 1$ 所截得的上部分曲面的面积为 _____.

（2）直线 $2x + y = 6$ 与两个坐标轴所围成的三角形均匀薄片的重心为 _____.

（3）设 Ω 是由曲面 $x^2 + y^2 = a^2$，$z = \sqrt{b^2 - x^2 - y^2}$ （$0 < a < b$）及平面 $z = 0$ 所围成的立体，则该立体的体积为（　　）.

A. $\displaystyle\iint\limits_{x^2+y^2\leqslant b^2} \sqrt{b^2 - x^2 - y^2}\,\mathrm{d}x\,\mathrm{d}y$；

B. $\displaystyle\iint\limits_{x^2+y^2\leqslant b^2} (a^2 - x^2 - y^2)\,\mathrm{d}x\,\mathrm{d}y$；

C. $\displaystyle\iint\limits_{x^2+y^2\leqslant a^2} \sqrt{b^2 - x^2 - y^2}\,\mathrm{d}x\,\mathrm{d}y$；

D. $\displaystyle\iint\limits_{x^2+y^2\leqslant a^2} (a^2 - x^2 - y^2)\,\mathrm{d}x\,\mathrm{d}y$.

（4）一均匀圆筒由两个柱面 $x^2 + y^2 = 1$，$x^2 + y^2 = 4$ 及两个平面 $z = 0$，$z = \sqrt{3}$ 围成，原点处有一密度为 ρ 的质点，则圆筒对质点的引力在 z 方向的分量 $F_z = ($　　$)$.

A. $2\pi G\rho(1 + \sqrt{10} - \sqrt{13})$；

B. $2\pi G\rho(3 - \sqrt{7})$；

C. $2\pi G\rho(2 + \sqrt{3} - \sqrt{7})$；

D. $2\pi G\rho(\sqrt{3} - 1)$.

（5）求由半球面 $z = \sqrt{12 - x^2 - y^2}$ 与曲面 $x^2 + y^2 = 4z$ 所围成立体的表面积.

（6）有一均匀薄片占据的区域为 $\dfrac{x^2}{a^2} + \dfrac{y^2}{b^2} \leqslant 1$，其质量为 m，求该薄片对 y 轴的转动惯量.

（7）设有一非均匀球体 $x^2 + y^2 + z^2 \leqslant R^2$，其上任一点的密度与该点到球心的距离比值为 k，求该球体的质量.

复习题

(1) 计算 $\iint\limits_{D} xy \mathrm{d}x\mathrm{d}y$，其中 $D = \{(x,y) \mid x^2 + y^2 \leqslant 2x, x^2 + y^2 \geqslant 1, y \geqslant 0\}$.

(2) 设有闭区域 $D = \{(x,y) \mid x^2 + y^2 \leqslant y, x \geqslant 0\}$，$f(x,y)$ 为 D 上连续函数，且 $f(x,y) = \sqrt{1 - x^2 - y^2} - \dfrac{8}{\pi}\iint\limits_{D} f(u,v)\mathrm{d}u\mathrm{d}v$，　求 $f(x,y)$.

(3) 求平面 $2x - 2y + z = 0$ 被圆柱面 $x^2 + y^2 = 4$ 截下的部分的面积.

(4) 计算 $\iiint\limits_{\Omega} z(x^2+y^2)\mathrm{d}x\mathrm{d}y\mathrm{d}z$，其中 Ω 是由曲面 $x^2+y^2+z^2 \geqslant 1$，$x^2+y^2+z^2 \leqslant 4$ 及 $z \geqslant \sqrt{x^2+y^2}$ 所围成的闭区域.

(5) 计算 $\iiint\limits_{\Omega} \dfrac{\ln(1+\sqrt{x^2+y^2})}{x^2+y^2}\mathrm{d}x\mathrm{d}y\mathrm{d}z$，其中 Ω 是由曲面 $z=x^2+y^2$ 和 $z=\sqrt{x^2+y^2}$ 围成的闭区域.

(6) 设 $f(x)$ 在 $[0,+\infty)$ 上连续，$F(t)=\iiint\limits_{\Omega}[z^2+f(x^2+y^2)]\mathrm{d}x\mathrm{d}y\mathrm{d}z$，其中 Ω：$0 \leqslant z \leqslant h, x^2+y^2 \leqslant t^2$，求 $\lim\limits_{t \to 0^+} \dfrac{F(t)}{t^2}$.

第十一章 曲线积分与曲面积分

第一次练习题

(1) 设 L 为连接 $(2,0)$ 及 $(0,2)$ 两点的直线段，则 $\int_L (x+y)\mathrm{d}s$ 的值为 _____.

(2) 设 L 是曲线 $x = a(\cos t + t\sin t)$，$y = a(\sin t - t\cos t)(a>0)$ 上对应于 $0 \leqslant t \leqslant \pi$ 的弧段，则 $\int_L 2\mathrm{d}s$ 的值为 _____.

(3) 设 L 为上半个单位圆 $y = \sqrt{1-x^2}$，则 $\int_L |x|\mathrm{d}s = ($ $)$.

A. $\displaystyle\int_{-1}^{0}\left(-\frac{x}{\sqrt{1-x^2}}\right)\mathrm{d}x + \int_0^1 \frac{x}{\sqrt{1-x^2}}\mathrm{d}x$;   B. $\displaystyle\int_1^0 \cos t \sqrt{(\sin t)^2 + (\cos t)^2}\,\mathrm{d}t$;

C. $\displaystyle\int_{-1}^1 \frac{x}{\sqrt{1-x^2}}\mathrm{d}x$;   D. $\displaystyle\int_1^0 \sin t \sqrt{(\sin t)^2 + (\cos t)^2}\,\mathrm{d}t$.

(4) 设 L 为圆周 $x^2 + y^2 = a^2$，则 $I = \oint_L x^2 \mathrm{d}s = ($ $)$.

A. $2\pi a^3$;   B. πa^3 ;   C. $\dfrac{\pi}{2}a^3$;   D. $3\pi a^3$.

(5) 设 L 为螺线 $x = a\cos t$, $y = a\sin t$, $z = at(0 \leqslant t \leqslant 2\pi)$, 计算 $\int_L \dfrac{z^2}{x^2 + y^2} \mathrm{d}s$.

(6) 设 L 是星形线 $\begin{cases} x = R\cos^3 t \\ y = R\sin^3 t \end{cases} (R > 0,\ 0 \leqslant t \leqslant 2\pi)$, 求曲线积分 $\oint_L (x^{4/3} + y^{4/3}) \mathrm{d}s$.

(7) 计算 $\int_L \mathrm{e}^{\sqrt{x^2+y^2}} \mathrm{d}s$, 其中 L 为圆周 $x^2 + y^2 = a^2$, 直线 $y = x$ 及 x 轴在第一象限内所围成的扇形的整个边界.

第二次练习题

(1) 设 L 是抛物线 $y^2 = x$ 上从点 $(1,1)$ 到点 $(4,2)$ 的一段弧，则 $\int_L x\,dx + y\,dy =$ _____.

(2) 设在力场 $\vec{F}(x,y) = (y,x)$ 作用下，质点从点 $(0,0)$ 沿抛物线 $y = x^2$ 移动到点 $(-1,1)$，则力场对质点所做的功为 _____.

(3) 设 L 为圆周 $x^2 + y^2 = 2$ 在第一象限中的部分（取逆时针方向），则曲线积分 $\int_L x\,dy - 2y\,dx$ 的值为（   ）.

A. $\dfrac{5\pi}{4}$；   B. $\dfrac{3\pi}{2}$；   C. $\dfrac{9\pi}{4}$；   D. $\dfrac{5\pi}{2}$.

(4) 设 L 为摆线 $x = a(t - \sin t)$，$y = a(1 - \cos t)$ 的一拱（对应于由 t 从 0 变到 2π 的一段弧），则 $\int_L (2a - y)\,dx - (a - y)\,dy = $（   ）.

A. $a^2\pi$；   B. $2a^2\pi$；   C. $3a^2\pi$；   D. $4a^2\pi$.

(5) 设 L 是从点 $A(3,2,1)$ 到点 $B(0,0,0)$ 的直线段 AB，计算曲线积分 $\int_L x^3 \mathrm{d}x + 3zy^2 \mathrm{d}y - x^2 y \mathrm{d}z$.

(6) 求曲线积分 $\oint_L y^3 \mathrm{d}x + xy^2 \mathrm{d}y$，其中 L 是两抛物线 $y^2 = x$，$x^2 = y$ 所围成区域的整个边界曲线，按逆时针方向.

(7) 计算 $I = \oint_C (z-y)\mathrm{d}x + (x-z)\mathrm{d}y + (x-y)\mathrm{d}z$，其中 C 是曲线 $\begin{cases} x^2 + y^2 = 1 \\ x - y + z = 2 \end{cases}$，从 z 轴正向往下看去，C 的方向是顺时针方向.

第三次练习题

(1) 设 L 为以 $O(0,0)$，$A(1,2)$ 及 $B(1,0)$ 为顶点的三角形负向边界，则曲线积分 $\oint_L (e^y + y)dx + (xe^y - 2y)dy = $ _____.

(2) 已知 $\dfrac{(x+ay)dx + ydy}{(x+y)^2}$ 为某二元函数的全微分，则 $a = $ _____.

(3) L 为沿以 $A(1,1)$，$B(2,2)$，$C(1,3)$ 为顶点的三角形逆时针方向绕一周，则 $I = \oint_L 2(x^2 + y^2)dx + (x+y)^2 dy = ($ ___ $)$.

A. $\int_1^2 dx \int_x^{4-x} (x-y)dy$；

B. $2\int_1^2 dx \int_x^{4-x} (x-y)dy$；

C. $\int_1^2 2(2x^2)dx + \int_2^1 2[x^2 + (4-x)^2]dx + \int_3^1 (1+y)^2 dy$；

D. $\int_1^2 8x^2 dx + \int_2^1 2[x^2 + (4-x)^2 + (x-x+4)]dx + \int_3^1 (1+y)^2 dy$.

(4) C 为沿 $x^2 + y^2 = R^2$ 逆时针方向一周的曲线，则 $I = \oint_C -x^2 y \cdot dx + xy^2 dy$ 用格林公式计算得（ ___ ）.

A. $\int_0^{2\pi} d\theta \int_0^R r^3 dr$； B. $\int_0^{2\pi} d\theta \int_0^R r^2 dr$；

C. $\int_0^{2\pi} d\theta \int_0^R -4r^3 \sin\theta\cos\theta dr$； D. $\int_0^{2\pi} d\theta \int_0^R 4r^3 \sin\theta\cos\theta dr$.

（5）计算曲线积分 $\int_L e^x(1-2\cos y)\mathrm{d}x + 2e^x\sin y\mathrm{d}y$，其中 L 为曲线 $y=\sin x$ 上由点 $A(\pi,0)$ 到点 $O(0,0)$ 的一段弧.

（6）设 $\mathrm{d}u = (x^2+2xy-y^2)\mathrm{d}x + (x^2-2xy-y^2)\mathrm{d}y$，求一个原函数 $u(x,y)$.

（7）计算曲线积分 $\oint_L -x^2y\mathrm{d}x + xy^2\mathrm{d}y$，其中 L 为 $x^2+y^2=6x$ 的上半圆周从点 $A(6,0)$ 到点 $O(0,0)$ 及 $x^2+y^2=3x$ 的上半圆周从点 $O(0,0)$ 到点 $B(3,0)$ 连成的弧 AOB.

第四次练习题

（1）设 Σ 是球面 $x^2 + y^2 + z^2 = R^2$，则曲面积分 $\iint\limits_{\Sigma} \dfrac{1}{x^2 + y^2 + z^2} \mathrm{d}S = $ _____.

（2）设 Σ 是上半球面 $x^2 + y^2 + z^2 = 4$ 被圆锥面 $z^2 = x^2 + y^2$ 截出的顶部，则曲面积分 $\iint\limits_{\Sigma} 5x \, \mathrm{d}S = $ _____.

（3）设 Σ 为抛物面 $z = 4 - x^2 - y^2$ 在 xOy 面上方部分，则曲面积分 $\iint\limits_{\Sigma} z \, \mathrm{d}S$ （   ）.

A. $\displaystyle\int_0^{2\pi} \mathrm{d}\theta \int_0^4 r(4 - r^2) \, \mathrm{d}r$；　　　　　　B. $\displaystyle\int_0^{2\pi} \mathrm{d}\theta \int_0^4 r(4 - r^2) \sqrt{1 + 4r^2} \, \mathrm{d}r$；

C. $\displaystyle\int_0^{2\pi} \mathrm{d}\theta \int_0^2 r(4 - r^2) \sqrt{1 + 4r^2} \, \mathrm{d}r$；　　D. $\displaystyle\int_0^{2\pi} \mathrm{d}\theta \int_0^2 r(4 - r^2) \, \mathrm{d}r$.

（4）设 Σ 为上半球面 $z = \sqrt{R^2 - x^2 - y^2}$，则曲面积分 $\iint\limits_{\Sigma} z^2 \, \mathrm{d}S = $ （   ）.

A. $\dfrac{2}{3}\pi R^4$；　　　　　　　　B. $\dfrac{4}{3}\pi R^4$；

C. $\dfrac{1}{3}\pi R^4$；　　　　　　　　D. πR^4.

(5) 计算 $\iint\limits_{\Sigma}(x+y+z)\mathrm{d}S$，其中 Σ 为半球面 $x^2+y^2+z^2=a^2$，$z\geqslant 0(a>0)$.

(6) 计算积分 $\iint\limits_{\Sigma}z\mathrm{d}S$，$\Sigma$ 是上半球面 $x^2+y^2+z^2=2$ 被旋转抛物面 $z=x^2+y^2$ 截出的顶部.

(7) 计算积分 $\iint\limits_{\Sigma}\dfrac{1}{x^2+y^2+z^2}\mathrm{d}S$，其中 Σ 是介于平面 $z=0$，$z=1$ 之间的圆柱面 $x^2+y^2=R^2$.

第五次练习题

(1) 设 Σ 为柱面 $x^2 + y^2 = 1$ 被平面 $z = 0$ 及 $z = 3$ 所截的在第一卦限部分的前侧，则曲面积分 $\iint\limits_{\Sigma} y \, dz \, dx = $ _____.

(2) 设 Σ 是平面 $x = 0$，$y = 0$，$z = 0$，$x + y + z = 2$ 所围成的空间区域的整个边界曲面的外侧，则曲面积分 $\iint\limits_{\Sigma} xz \, dx \, dy + xy \, dy \, dz + yz \, dz \, dx = $ _____.

(3) 设 Σ 为柱面 $x^2 + y^2 = 1$ 被平面 $z = 0$ 及 $z = 3$ 所截得的在第一卦限的部分，取外侧，Σ 在 xOy 面、yOz 面与 zOx 面上的投影区域分别记为 D_{xy}、D_{yz} 与 D_{zx}，则 $\iint\limits_{\Sigma} x \, dy \, dz + y \, dz \, dx + z \, dx \, dy$ 可化为二重积分（ ）.

A. $\iint\limits_{D_{yz}} \sqrt{1-y^2} \, dy \, dz + \iint\limits_{D_{zx}} \sqrt{1-x^2} \, dz \, dx$；

B. $\iint\limits_{D_{yz}} \sqrt{1-y^2} \, dy \, dz - \iint\limits_{D_{zx}} \sqrt{1-x^2} \, dz \, dx$；

C. $\iint\limits_{D_{xy}} \sqrt{1-x^2} \, dx \, dy + \iint\limits_{D_{yz}} \sqrt{1-y^2} \, dy \, dz + \iint\limits_{D_{zx}} \sqrt{1-x^2} \, dz \, dx$；

D. $-\iint\limits_{D_{xy}} \sqrt{1-x^2} \, dx \, dy + \iint\limits_{D_{yz}} \sqrt{1-y^2} \, dy \, dz + \iint\limits_{D_{zx}} \sqrt{1-x^2} \, dz \, dx$.

(4) 设 Σ 为球面 $x^2 + y^2 + z^2 = 4a^2$，取外侧，则曲面积分 $\oiint\limits_{\Sigma} (x^2 + y^2 + z^2) dy \, dz = $（ ）.

A. $4\pi a^4$；   B. πa^4；   C. $-\pi a^4$；   D. 0.

(5) 计算曲面积分 $I = \iint\limits_{\Sigma} x^2 y^2 \mathrm{d}x\,\mathrm{d}y$，其中 Σ 是下半球面 $z = -\sqrt{R^2 - x^2 - y^2}$ $(R > 0)$ 的下侧.

(6) 把对坐标的曲面积分 $\iint\limits_{\Sigma} P(x,y,z)\mathrm{d}y\,\mathrm{d}z + Q(x,y,z)\mathrm{d}z\,\mathrm{d}x + R(x,y,z)\mathrm{d}x\,\mathrm{d}y$ 化成对面积的曲面积分，这里 Σ 是平面 $3x + 2y + 2\sqrt{3}z = 6$ 在第一卦限的部分的上侧.

(7) 设 Σ 是柱面 $x^2 + y^2 = 1$，$0 \leqslant z \leqslant 1$ 的外侧，计算 $I = \iint\limits_{\Sigma} (x + y + z)\mathrm{d}y\,\mathrm{d}z$.

第六次练习题

(1) 向量场 $A = x^2 z \vec{i} + x^2 y \vec{j} - x z^2 \vec{k}$ 流向长方体 $0 \leqslant x \leqslant a$，$0 \leqslant y \leqslant b$，$0 \leqslant z \leqslant c$ 的全表面外侧的通量为_____．

(2) 向量场 $A = (x^2 y + z^3) \vec{i} + (x^3 - x y^2) \vec{j} + (y^2 + 2z) \vec{k}$ 的散度 $\mathrm{div} A =$ _____．

(3) 设 Σ 是锥面 $z = \sqrt{x^2 + y^2}$ 被平面 $z = 1$ 所截的有限部分的外侧，则 $\iint\limits_{\Sigma} x \, \mathrm{d}y\,\mathrm{d}z + y \, \mathrm{d}z\,\mathrm{d}x + (z^2 - 2z)\,\mathrm{d}x\,\mathrm{d}y = ($ 　　)．

A. $-\dfrac{3}{2}\pi$；　　　　B. 0；　　　　C. $\dfrac{\pi}{2}$；　　　　D. $\dfrac{3}{2}\pi$．

(4) 设函数 f 的导数连续，Σ 是由 $z = x^2 + y^2$，$z = 8 - x^2 - y^2$ 所围成封闭曲面的内侧，则 $\oiint\limits_{\Sigma} \dfrac{1}{y} f(xy)\,\mathrm{d}y\,\mathrm{d}z - \dfrac{1}{x} f(xy)\,\mathrm{d}z\,\mathrm{d}x + z\,\mathrm{d}x\,\mathrm{d}y = ($ 　　)．

A. 16π；　　　　B. 48π；　　　　C. -16π；　　　　D. -48π．

（5）设 Σ 是平面 $x + y + z = 1$ 与三个坐标面所围成封闭曲面的外侧，求 $\oiint\limits_{\Sigma} (x^2 - yz)\mathrm{d}y\mathrm{d}z + (y^2 - zx)\mathrm{d}z\mathrm{d}x + (z^2 - x)\mathrm{d}x\mathrm{d}y$.

（6）计算曲面积分 $I = \iint\limits_{\Sigma} (x^3 + az^2)\mathrm{d}y\mathrm{d}z + (y^3 + ax^2)\mathrm{d}z\mathrm{d}x + (z^3 + ay^2)\mathrm{d}x\mathrm{d}y$，$\Sigma$ 为上半球面 $z = \sqrt{a^2 - x^2 - y^2}$ 的上侧.

（7）计算 $I = \iint\limits_{\Sigma} [(x+1)\cos\alpha + y\cos\beta + \cos\gamma]\mathrm{d}S$，其中 Σ 为圆柱面 $x^2 + y^2 = R^2 (0 \leqslant z \leqslant h)$ 的外侧，$\cos\alpha$，$\cos\beta$，$\cos\gamma$ 为此曲面外法线向量的方向余弦.

第七次练习题

（1）向量场 $A=(x+y)\vec{i}+(y-x)\vec{j}+2z\vec{k}$ 沿闭曲线 Γ：$\begin{cases}\dfrac{x^2}{a^2}+\dfrac{y^2}{b^2}=1\\ z=1\end{cases}$（从 z 轴正向看去，Γ 为逆时针方向）的环流量为＿＿＿＿＿＿.

（2）向量场 $A=x^2\vec{i}-2xy\vec{j}+z^2\vec{k}$ 在点 $P(1,1,2)$ 处的旋度为＿＿＿＿＿＿.

（3）设 Γ 是 $x^2+y^2+z^2=R^2$ 与 $x+y+z=0$ 的交线，从 z 轴正向看去为逆时针方向，则 $\oint_{\Gamma}(y+1)\mathrm{d}x+(z+2)\mathrm{d}y+(x+3)\mathrm{d}z=(\quad)$.

A. $\sqrt{3}\pi R^2$；　　　B. $-\sqrt{3}\pi R^2$；　　　C. $\sqrt{2}\pi R^2$；　　　D. $-\sqrt{2}\pi R^2$.

（4）向量场 $A=-y\vec{i}+x\vec{j}+2\vec{k}$ 沿闭曲线 Γ：$x^2+y^2=1$，$z=0$（从 z 轴正向看去，Γ 为逆时针方向）的环流量为（　　）

A. 0；　　　B. -2π；　　　C. π；　　　D. 2π.

(5) 计算 $I = \oint_{\Gamma} (2y+z)\mathrm{d}x + (x-z)\mathrm{d}y + (y-x)\mathrm{d}z$，其中 Γ 为平面 $x+y+z=1$ 与各坐标面的交线，从 z 轴正向看去，Γ 的方向为逆时针.

(6) 计算曲线积分 $I = \oint_{\Gamma} (z-y)\mathrm{d}x + (x-z)\mathrm{d}y + (x-y)\mathrm{d}z$，其中 Γ 为曲线 $\begin{cases} x^2 + y^2 = 1 \\ x-y+z = 2 \end{cases}$，从 z 轴正向看去，Γ 的方向为顺时针.

(7) 计算 $I = \oint_{\Gamma} 3y\mathrm{d}x - xz\mathrm{d}y + yz^2\mathrm{d}z$，其中 Γ 为圆周 $\begin{cases} x^2 + y^2 = 2z \\ z = 2 \end{cases}$，从 z 轴正向看去，Γ 的方向为逆时针.

复习题

(1) 设 L 为椭圆 $\dfrac{x^2}{4} + \dfrac{y^2}{3} = 1$，其周长记为 a，求 $I = \oint_L (2xy + 3x^2 + 4y^2)\mathrm{d}s$.

(2) 设函数 $f(x)$ 具有二阶连续导数，$f(0) = 0$，$f'(0) = 1$，且 $[x^2 y + xy^2 - yf(x)]\mathrm{d}x + [f'(x) + x^2 y]\mathrm{d}y = 0$ 为全微分方程，求 $f(x)$ 及该方程的通解.

(3) 计算 $I = \displaystyle\int_L (\mathrm{e}^x \sin y + x + y)\mathrm{d}x + (\mathrm{e}^x \cos y - x)\mathrm{d}y$，其中 L 是点 $A(2,0)$ 沿曲线 $y = \sqrt{2x - x^2}$ 到点 $O(0,0)$ 的一段弧.

(4) 计算 $I = \oint_\Gamma (y-z)\mathrm{d}x + (z-x)\mathrm{d}y + (x-y)\mathrm{d}z$，其中 Γ 为曲线 $\begin{cases} x^2+y^2+z^2=1, \\ y=\sqrt{3}\,x \end{cases}$，

从 x 轴正向看去，Γ 的方向为逆时针.

(5) 计算 $I = \iint\limits_\Sigma \sqrt{1+4z}\,\mathrm{d}S$，其中 Σ 是 $z=x^2+y^2$ 在 $z \leqslant 1$ 的部分.

(6) 求 $I = \iint\limits_\Sigma z^2\mathrm{d}S$，其中 Σ 是球面 $x^2+y^2+z^2=a^2$.

(7) 求 $I = \oiint\limits_\Sigma \dfrac{x^3\mathrm{d}y\mathrm{d}z + y^3\mathrm{d}z\mathrm{d}x + z^3\mathrm{d}x\mathrm{d}y}{(x^2+y^2+z^2)^{3/2}}$，其中 Σ 为球面 $x^2+y^2+z^2=a^2$ 的外侧.

| 第十二章 | 无穷级数 |

第一次练习题

（1）级数 $\sum\limits_{n=1}^{\infty} u_n = 2 - \dfrac{2^2}{4} + \dfrac{2^3}{9} - \dfrac{2^4}{16} + \cdots$ 的一般项 $u_n = $ _____.

（2）已知级数 $\sum\limits_{n=1}^{\infty} u_n$ 的前 n 项和为 $s_n = \dfrac{3n}{n+1}$，则 $u_n = $ _____，该级数的和 $s = $ _____.

（3）下列命题正确的有（　　）（多选题）.

A. 若 $\lim\limits_{n \to \infty} u_n = 0$，则级数 $\sum\limits_{n=1}^{\infty} u_n$ 必收敛；　B. 若级数 $\sum\limits_{n=1}^{\infty} u_n$ 收敛，则 $\lim\limits_{n \to \infty} u_n = 0$；

C. 若 $\lim\limits_{n \to \infty} u_n \neq 0$，则级数 $\sum\limits_{n=1}^{\infty} u_n$ 必发散；　D. 若级数 $\sum\limits_{n=1}^{\infty} u_n$ 发散，则 $\lim\limits_{n \to \infty} u_n \neq 0$.

（4）若级数 $\sum\limits_{n=1}^{\infty} u_n$ 收敛，$\sum\limits_{n=1}^{\infty} v_n$ 发散，则级数 $\sum\limits_{n=1}^{\infty} (u_n + v_n)$（　　）.

A. 一定收敛；　　　　　　　　　　　B. 一定发散；

C. 可能收敛，也可能发散；　　　　　D. 等于 $\sum\limits_{n=1}^{\infty} u_n + \sum\limits_{n=1}^{\infty} v_n$.

（5）判断级数 $\displaystyle\sum_{n=1}^{\infty} \frac{1}{(3n-2)(3n+1)}$ 的敛散性，若收敛，求其和 s.

（6）求级数 $\displaystyle\sum_{n=1}^{\infty} \frac{3+(-1)^n}{2^n}$ 的和 s.

（7）判断级数 $1+\dfrac{1}{\sqrt{2}}+\dfrac{1}{\sqrt[3]{3}}+\cdots+\dfrac{1}{\sqrt[n]{n}}+\cdots$ 的敛散性.

第二次练习题

（1）已知级数 $\sum\limits_{n=1}^{\infty} n^{1-\alpha}\,(\alpha \in \mathbf{R})$，当 $\alpha \in$ _____时，该级数收敛.

（2）若级数 $\sum\limits_{n=1}^{\infty} a_n$ 与 $\sum\limits_{n=1}^{\infty} c_n$ 都收敛，且 $a_n \leqslant b_n \leqslant c_n\,(n=1,2,\cdots)$，则 $\sum\limits_{n=1}^{\infty} b_n$ 一定 _____（填收敛或发散）.

（3）下列级数发散的是（　　）.

A. $\sum\limits_{n=1}^{\infty} \dfrac{1}{2^n+1}$；

B. $\sum\limits_{n=1}^{\infty} \tan\dfrac{1}{n}$；

C. $\sum\limits_{n=1}^{\infty} 3^n \sin\dfrac{\pi}{4^n}$；

D. $\sum\limits_{n=1}^{\infty} \ln\left(1+\dfrac{1}{n^2}\right)$.

（4）下列级数收敛的是（　　）.

A. $\sum\limits_{n=1}^{\infty} \dfrac{2^n}{n^2}$；

B. $\sum\limits_{n=1}^{\infty} \dfrac{3^n}{n!}$；

C. $\sum\limits_{n=1}^{\infty} \left(1+\dfrac{1}{n}\right)^{n^2}$；

D. $\sum\limits_{n=1}^{\infty} \left(\dfrac{2n-1}{n+3}\right)^n$.

（5）判断级数 $\displaystyle\sum_{n=1}^{\infty} \dfrac{n+1}{n^3-n+3}$ 的敛散性.

（6）判断级数 $\displaystyle\sum_{n=1}^{\infty} \dfrac{4^n}{5^n+3^n}$ 的敛散性.

（7）判断级数 $\displaystyle\sum_{n=1}^{\infty} \dfrac{2^n n!}{n^n}$ 的敛散性，并求 $\displaystyle\lim_{n\to\infty} \dfrac{2^n n!}{n^n}$.

第三次练习题

(1) 级数 $\sum\limits_{n=1}^{\infty}u_n$ 绝对收敛，则 $\sum\limits_{n=1}^{\infty}u_n$ 一定_____；$\sum\limits_{n=1}^{\infty}u_n$ 条件收敛，则 $\sum\limits_{n=1}^{\infty}|u_n|$ 一定_____.

(2) 级数 $\sum\limits_{n=1}^{\infty}\dfrac{(-1)^n}{n^p}(p\in\mathbf{R})$ 在 $p\in$ _____时条件收敛；在 $p\in$ _____时绝对收敛；在 $p\in$ _____时发散.

(3) 下列级数条件收敛的是（   ）.

A. $\sum\limits_{n=1}^{\infty}(-1)^n\dfrac{1}{2^n}$；

B. $\sum\limits_{n=1}^{\infty}(-1)^n\dfrac{\ln n}{n}$；

C. $\sum\limits_{n=1}^{\infty}(-1)^n(e^{\frac{1}{n^2}}-1)$；

D. $\sum\limits_{n=1}^{\infty}\dfrac{\sin na}{n\sqrt{n}}$.

(4) 设 $0\leqslant u_n<\dfrac{1}{n}(n=1,2,\cdots)$，则下列级数中一定收敛的是 （   ）.

A. $\sum\limits_{n=1}^{\infty}u_n$；

B. $\sum\limits_{n=1}^{\infty}(-1)^n u_n$；

C. $\sum\limits_{n=1}^{\infty}\sqrt{u_n}$；

D. $\sum\limits_{n=1}^{\infty}(-1)^n u_n^2$.

(5) 判断级数 $\sum\limits_{n=1}^{\infty}(-1)^{n}\dfrac{n}{n^{2}+1}$ 的敛散性，若收敛，说明是条件收敛还是绝对收敛.

(6) 判断级数 $\sum\limits_{n=1}^{\infty}\dfrac{(-1)^{n}n^{2}}{3^{n}}$ 的敛散性，若收敛，说明是条件收敛还是绝对收敛.

(7) 判断级数 $\sum\limits_{n=1}^{\infty}\dfrac{\cos n\pi}{\ln(n+1)}$ 的敛散性，若收敛，说明是条件收敛还是绝对收敛.

第四次练习题

（1）若 $\sum\limits_{n=1}^{\infty} a_n x^n$ 在 $x=4$ 处收敛，则在 $x=3$ 处此级数是_____；若 $\sum\limits_{n=1}^{\infty} a_n x^n$ 在 $x=-1$ 处发散，则在 $x=-2$ 处此级数是_____.

（2）幂级数 $\sum\limits_{n=0}^{\infty} e^n x^n$ 的收敛半径为_____.

（3）幂级数 $\sum\limits_{n=1}^{\infty} \dfrac{n^2 \cdot x^n}{3^n}$ 的收敛域为（   ）.

   A. $(-3,3)$；   B. $[-3,3]$；   C. $(-3,3]$；   D. $[-3,3)$.

（4）幂级数 $\sum\limits_{n=1}^{\infty} \dfrac{x^n}{2^{n-1}\sqrt{n}}$ 的收敛域为（   ）.

   A. $(-2,2)$；   B. $[-2,2]$；   C. $(-2,2]$；   D. $[-2,2)$.

(5) 求幂级数 $\displaystyle\sum_{n=1}^{\infty} \frac{(x-1)^n}{n}$ 的收敛域.

(6) 求幂级数 $\displaystyle\sum_{n=1}^{\infty} (n+1)x^n$ 的收敛域及和函数.

(7) 求幂级数 $\displaystyle\sum_{n=1}^{\infty} \frac{(-x^2)^n}{2n}$ 的和函数，并求 $\displaystyle\sum_{n=1}^{\infty} \frac{(-1)^n}{2n \cdot 9^n}$ 的和.

第五次练习题

（1）函数 $f(x)=\dfrac{1}{3-x}$ 在 $x=2$ 处幂级数展开式为_____，
其收敛域为_____.

（2）函数 $f(x)=\cos x^2$ 展开成麦克劳林级数为_____，
其收敛域为_____.

（3）函数 $f(x)=\ln x$ 展开为 $x-3$ 的幂级数为（　　）.

A. $f(x)=\displaystyle\sum_{n=0}^{\infty}(-1)^n\frac{x^{n+1}}{n+1},x\in(-1,1]$；

B. $f(x)=\ln3+\displaystyle\sum_{n=0}^{\infty}(-1)^n\frac{(x-3)^{n+1}}{(n+1)3^{n+1}},x\in(0,6]$；

C. $f(x)=\ln3+\displaystyle\sum_{n=0}^{\infty}(-1)^n\frac{(x-3)^{n+1}}{n+1},x\in(1,3]$；

D. $f(x)=\displaystyle\sum_{n=0}^{\infty}(-1)^n\frac{(x-3)^{n+1}}{n+1},x\in(0,2]$.

（4）函数 $f(x)=\dfrac{x}{1+x^2}$ 关于 x 的幂级数展开式为（　　）.

A. $f(x)=\displaystyle\sum_{n=0}^{\infty}(-1)^n x^{2n+1},x\in(-1,1)$；　B. $f(x)=\displaystyle\sum_{n=0}^{\infty}(-1)^n x^{2n+1},x\in[-1,1)$；

C. $f(x)=\displaystyle\sum_{n=0}^{\infty}(-1)^n x^{2n+1},x\in(-1,1]$；　D. $f(x)=\displaystyle\sum_{n=0}^{\infty}(-1)^n x^{2n+1},x\in[-1,1]$.

(5) 将函数 $f(x) = (2+x)\ln(1+x)$ 展开为 x 的幂级数.

(6) 将 $f(x) = a^{-x}\ (a > 0,\ a \neq 1)$ 展开成麦克劳林级数.

(7) 将 $f(x) = \dfrac{1}{x^2 + x - 6}$ 在 $x = 1$ 处展开成幂级数.

第六次练习题

(1) 设函数 $f(x)$ 是以 2π 为周期的周期函数，它在 $[-\pi,\pi)$ 上的表达式为 $f(x)=\begin{cases}2, & -\pi\leqslant x\leqslant 0\\ x^3, & 0<x<\pi\end{cases}$，则 $f(x)$ 的傅里叶级数在 $x=-\pi$ 处收敛于＿＿＿＿＿＿．

(2) 将函数 $f(x)=x^2$，$(0\leqslant x\leqslant \pi)$ 展开成余弦级数，则系数 $a_n=$＿＿＿＿＿＿ $(n\neq 0)$；$b_n=$＿＿＿＿＿＿＿＿．

(3) 设函数 $f(x)$ 是以 2π 为周期的周期函数，它在 $[-\pi,\pi)$ 上的表达式为 $f(x)=x^2-1$，现已知它的傅里叶级数是 $\dfrac{\pi^2}{3}-1+4\sum_{n=1}^{\infty}(-1)^n\dfrac{\cos nx}{n^2}$，则该级数的和函数 $s(x)$ 满足（　　）．

A. $s(x)=f(x)$，$x\in(-\infty,+\infty)$；

B. $s(x)=\begin{cases}f(x), & x\neq k\pi\\ \dfrac{\pi^2-1}{2}, & x=k\pi\end{cases}$ $(k=\pm 1,\pm 2,\cdots)$；

C. $s(x)=\begin{cases}f(x), & x\neq k\pi\\ \dfrac{\pi+1}{2}, & x=k\pi\end{cases}$ $(k=\pm 1,\pm 2,\cdots)$；

D. $s(x)=\begin{cases}f(x), & x\neq k\pi\\ \dfrac{1}{2}, & x=k\pi\end{cases}$ $(k=\pm 1,\pm 2,\cdots)$．

(4) 设 $f(x)=\begin{cases}1, & 0\leqslant x\leqslant h\\ 0, & h<x\leqslant \pi\end{cases}$ 的余弦级数是 $\dfrac{h}{\pi}+\dfrac{2}{\pi}\sum_{n=1}^{\infty}\dfrac{\sin nh}{n}\cos nx$，则该级数的和函数 $s(x)$ 满足（　　）．

A. $s(x)=\begin{cases}f(x), & 0\leqslant x<h, h<x\leqslant \pi\\ \dfrac{1}{2}, & x=h\end{cases}$；

B. $s(x)=\begin{cases}f(x), & 0<x<h, h<x<\pi\\ \dfrac{1}{2}, & x=0,h,\pi\end{cases}$；

C. $s(x)=\begin{cases}f(x), & x\in[-\pi,\pi]\text{且} x\neq\pm h\\ \dfrac{1}{2}, & x=\pm h\end{cases}$；

D. $s(x)=\begin{cases}f(x), & x\in[-\pi,\pi]\text{且} x\neq\pm h,\pm\pi,0\\ \dfrac{1}{2}, & x=\pm h,+\pi,0\end{cases}$．

（5）将函数 $f(x) = \begin{cases} x + \dfrac{\pi}{2}, & 0 < x \leqslant \dfrac{\pi}{2} \\ 0, & \dfrac{\pi}{2} < x < \pi \end{cases}$ 展开成余弦级数.

（6）将函数 $f(x) = \pi - x$，$(0 \leqslant x \leqslant \pi)$ 展开成正弦级数.

（7）将周期为 2π 的函数 $f(x) = 3x^2 + 1 (-\pi < x \leqslant \pi)$ 展开成傅里叶级数，并求级数 $\sum\limits_{n=1}^{\infty} \dfrac{1}{n^2}$ 的和.

第七次练习题

（1）设函数 $f(x)$ 是以 $2l$ 为周期的周期函数，它在 $[-l, l)$ 上的表达式为 $f(x) = \begin{cases} x, & -l \leqslant x \leqslant 0 \\ 0, & 0 < x < l \end{cases}$，则 $f(x)$ 的傅里叶级数在 $x = -l$ 处收敛于_____.

（2）将函数 $f(x) = x^2$，$(0 \leqslant x \leqslant l)$ 展开成余弦级数，则系数 $a_n = $_____ $(n \neq 0)$；$b_n = $_____.

（3）设函数 $f(x)$ 是以 1 为周期的周期函数，它在 $\left[-\dfrac{1}{2}, \dfrac{1}{2}\right)$ 上的表达式为 $f(x) = 1 - x^2$，现已知它的傅里叶级数是 $\dfrac{11}{12} + \sum\limits_{n=1}^{\infty} (-1)^{n+1} \dfrac{\cos 2n\pi x}{n^2 \pi^2}$，则该级数的和函数 $s(x)$ 满足（   ）.

A. $s(x) = f(x)$，$x \in (-\infty, +\infty)$；   B. $s(x) = \begin{cases} f(x), & x \neq \pm\dfrac{1}{2} \\ \dfrac{1}{4}, & x = \pm\dfrac{1}{2} \end{cases}$；

C. $s(x) = f(x)$，$x \in \left[-\dfrac{1}{2}, \dfrac{1}{2}\right)$；   D. $s(x) = \begin{cases} f(x), & x \neq \dfrac{2k+1}{2} \\ \dfrac{1}{2}, & x = \dfrac{2k+1}{2} \end{cases}$ $(k = 0, \pm1, \pm2, \cdots)$.

（4）设 $f(x) = 2$，$x \in [0, 1)$ 的正弦级数是 $\sum\limits_{n=1}^{\infty} \dfrac{4[1 + (-1)^{n+1}]}{n\pi} \sin n\pi x$，则该级数的和函数 $s(x)$ 满足（   ）.

A. $s(x) = f(x)$，$x \in [0, 1)$；   B. $s(x) = \begin{cases} f(x), & x \in (-\infty, +\infty) \\ 2, & x = 0, \pm n (n \in \mathbf{N}) \end{cases}$；

C. $s(x) = \begin{cases} f(x), & x \in (0, 1) \\ 0, & x = 0 \end{cases}$；   D. $s(x) = \begin{cases} f(x), & x \in (-\infty, +\infty) \\ 0, & x = 0, \pm n (n \in \mathbf{N}) \end{cases}$.

(5) 函数 $f(x)$ 的周期为 10，试将 $f(x) = -x$，$x \in [-5,5)$ 展开成傅里叶级数.

(6) 将函数 $f(x) = \begin{cases} x, & 0 \leqslant x < \dfrac{l}{2} \\ l-x, & \dfrac{l}{2} \leqslant x < l \end{cases}$ 展开成正弦级数.

(7) 将函数 $f(x) = x^2 (0 \leqslant x \leqslant 2)$ 展开成余弦级数.

复习题

(1) 判定下列级数的敛散性，并说明理由.

① $\sum\limits_{n=2}^{\infty} (\sqrt{n+1} - 2\sqrt{n} + \sqrt{n-1})$；

② $\sum\limits_{n=1}^{\infty} \left(\dfrac{b}{a_n}\right)^n$，其中 $a_n \to a\,(n \to \infty)$，$a_n$，$a$，$b > 0$.

(2) 判别下列级数的敛散性，若收敛，指出是绝对收敛还是条件收敛.

① $\sum\limits_{n=1}^{\infty} (-1)^n \dfrac{2^n}{n!}$；

② $\sum\limits_{n=1}^{\infty} \dfrac{(-1)^n}{\sqrt[n]{n}}$.

(3) 求下列级数的收敛域.

① $\sum\limits_{n=1}^{\infty} \dfrac{x^{2n+1}}{\sqrt{n}}$；

② $\sum\limits_{n=1}^{\infty} \dfrac{x^n}{a^n + b^n}$ $(a > 0,\ b > 0)$.

（4）设幂级数为 $\sum\limits_{n=1}^{\infty} \dfrac{x^n}{n \cdot 3^n}$，①求收敛域；②利用 $\ln(1-x)$ 的泰勒展开式求该级数的和函数.

（5）求级数 $\sum\limits_{n=2}^{\infty} \dfrac{x^n}{n(n-1)}$，$x \in (-1,1)$ 的和函数.

（6）将函数 $f(x)=\ln(1-x-2x^2)$ 展开为 x 的幂级数.

第二学期期中考试试题一

课程名称： 高等数学 A2　　　　　闭卷　　　　　120 分钟

题号	一	二	三	四	五	六	合计
满分	28	24	9	12	21	6	100
实得分							

一、解答题（每小题 7 分，共 28 分）

1. 设向量 $\overrightarrow{AB}$ 与 $\vec{a}=(1,2,-2)$ 同向，且点 $A(2,-1,7)$，$|\overrightarrow{AB}|=6$，求点 B 的坐标.

2. 已知单位向量 $\vec{P}$ 与 x 轴、y 轴的夹角均为 $\dfrac{\pi}{3}$，与 z 轴的夹角为钝角，又 $\vec{a}=2\vec{j}-\vec{k}$，试计算：（1）$\vec{P}\cdot\vec{a}$；（2）$\vec{P}\times\vec{a}$.

3. 求过点 $P(1,-5,1)$ 和 $Q(3,2,-1)$，且平行于 y 轴的平面方程.

4. 求过原点且与直线 $\dfrac{x+1}{2}=y-1=\dfrac{z-1}{3}$ 垂直相交的直线方程.

二、求解下列各题（每小题 6 分，共 24 分）

1. $\displaystyle\lim_{(x,y)\to(0,0)}\dfrac{2-\sqrt{xy+4}}{xy}$.

2. 设 $z=f(x,x^2+y^2)$，其中函数 f 具有二阶连续偏导数，求 $\dfrac{\partial z}{\partial x}$，$\dfrac{\partial^2 z}{\partial x \partial y}$.

3. 设 $\begin{cases} x^2+y^2-u^2-v=0 \\ -x+y-uv+1=0 \end{cases}$，求 $\dfrac{\partial u}{\partial x}$，$\dfrac{\partial v}{\partial x}$.

4. 求函数 $u=\mathrm{e}^z-xz^2+2yz$，在点 $(1,1,2)$ 处沿方向角为 $\alpha=\dfrac{\pi}{4}$，$\beta=\dfrac{\pi}{3}$，$\gamma=\dfrac{\pi}{3}$ 的方向的方向导数.

三、（9分）设直角三角形的斜边长为 l，则该三角形的直角边分别是多少时，其周长为最长？

四、（12分）设函数 $f(x,y) = \begin{cases} y\sin\dfrac{1}{x^2+y^2}, & (x,y) \neq (0,0) \\ 0, & (x,y) = (0,0) \end{cases}$，试讨论函数在点 $(0,0)$ 处，（1）是否连续；（2）偏导数是否存在；（3）是否可微.

五、计算下列二重积分（每小题 7 分，共 21 分）

1. 求二重积分 $\iint\limits_{D} xy\,\mathrm{d}x\,\mathrm{d}y$，其中积分区域 D 由曲线 $x=\sqrt{y}$，$x=\sqrt{2-y}$ 与 y 轴围成.

2. 试将 $\int_0^1 \mathrm{d}x \int_x^{\sqrt{2x-x^2}} \dfrac{\mathrm{d}y}{\sqrt{x^2+y^2}}$ 化为极坐标形式的二次积分并计算.

3. 试用二重积分计算由曲面 $z = 6 - x^2 - y^2$ 与 $z = x^2 + y^2$ 所围成立体的体积.

六、(6分) 求曲面 $z = \dfrac{1}{4}(x^2 + y^2)$ 上一点,使得曲面在该点处的切平面过曲线 $x = t^2$,$y = t$,$z = 3(t-1)$ 在点 $M(1,1,0)$ 处的切线.

第二学期期中考试试题二

课程名称： 高等数学 B　　　　　闭卷　　　　　120 分钟

题号	一	二	三	四	五	六	合计
满分	21	28	21	10	10	10	100
实得分							

一、求解下列各题（每小题 7 分，共 21 分）

1. 求方程 $y' + \dfrac{1}{x}y = \dfrac{\sin x}{x}$ 的通解．

2. 求方程 $y'' = e^{2x} - \cos x$ 满足 $y(0) = 0$，$y'(0) = 1$ 的特解．

3. 求方程 $y'' - 3y' + 2y = e^{2x}$ 的通解．

二、计算下列各题（每题 7 分，共 28 分）

1. 设 $\vec{a}=\{3,-2,1\}$，$\vec{b}=\{p,-4,-5\}$ 确定 p，使得 $\vec{a}\perp\vec{b}$ 并求 $\vec{a}\times\vec{b}$.

2. 求与向量 $\vec{a}=2\vec{i}-\vec{j}+2\vec{k}$ 共线且满足方程 $\vec{a}\cdot\vec{z}=-18$ 的向量 $\vec{z}$.

3. 求通过直线 $\begin{cases}x+y=0\\x-y-z-2=0\end{cases}$ 且平行于直线 $x=y=z$ 的平面方程.

4. 求过点 $A(-1,0,4)$，且平行于平面 $3x-4y+z-10=0$，又与直线 $\dfrac{x+1}{1}=\dfrac{y-3}{1}=\dfrac{z}{2}$ 相交的直线方程.

三、计算下列各题（每题 7 分，共 21 分）

1. 设 $u = \ln\sqrt{1 + x^2 + y^2 - z^2}$，求 $du\,|_{(1,1,1)}$.

2. 设 $z = \arctan\dfrac{y-x}{y+x}$，求 $\dfrac{\partial z}{\partial x}$，$\dfrac{\partial^2 z}{\partial x \partial y}$.

3. 设 $x^2 + z^2 = y\varphi\left(\dfrac{z}{y}\right)$，其中 φ 为可微函数，求 $\dfrac{\partial z}{\partial x}$，$\dfrac{\partial z}{\partial y}$.

四、（10 分）设连续函数 $f(x)$ 满足积分方程 $f(x) = 1 - \int_0^x (x-t)f(t)\mathrm{d}t$，求 $f(x)$.

五、（10 分）求直线 L：$\dfrac{x-1}{0} = \dfrac{y}{1} = \dfrac{z}{1}$ 绕 z 轴旋转一周所得旋转曲面的方程.

六、（10 分）设 $f(u,v)$ 是二元可微函数，$z = f(x^y, y)$，求 $\dfrac{\partial z}{\partial x}$，$\dfrac{\partial^2 z}{\partial x \partial y}$.

第二学期期末考试试题一

课程名称：高等数学 A2　　　　　闭卷　　　　　120 分钟

题号	一	二	三	四	五	六	七	合计
满分	24	16	18	18	10	8	6	100
实得分								

一、求解下列各题（每小题 8 分，共 24 分）

1. 计算 $\iiint\limits_{\Omega} x^2 \,\mathrm{d}x\,\mathrm{d}y\,\mathrm{d}z$，其中 Ω 为由平面 $x+y+z=1$ 及三个坐标面所围成的闭区域.

2. 计算 $\iiint\limits_{\Omega} \sqrt{x^2+y^2} \,\mathrm{d}x\,\mathrm{d}y\,\mathrm{d}z$，其中 Ω 为由曲面 $z=9-x^2-y^2$ 与平面 $z=0$ 所围成的闭区域.

3. 求球面 $x^2+y^2+z^2=4$ 被平面 $z=1$ 所截得的上部分曲面的表面积.

二、计算下列各题（每小题 8 分，共 16 分）

1. 计算曲线积分 $\int_L xy\,\mathrm{d}s$，其中曲线 L 为上半圆周 $y=\sqrt{2x-x^2}$.

2. 计算曲线积分 $\int_L \mathrm{e}^x(1-2\cos y)\mathrm{d}x + 2\mathrm{e}^x \sin y\,\mathrm{d}y$，其中 L 为曲线 $y=\sin x$ 上从点 $A(\pi,0)$ 到点 $O(0,0)$ 的一段弧.

三、计算下列各题（每小题 9 分，共 18 分）

1. 计算 $\oiint\limits_{\Sigma} z^2\,\mathrm{d}S$，其中 Σ 是上半球面 $z=\sqrt{1-x^2-y^2}$ 与 $z=0$ 所围成区域的整个边界曲面.

2. 计算 $\iint\limits_{\Sigma} x\,\mathrm{d}y\,\mathrm{d}z + y\,\mathrm{d}z\,\mathrm{d}x + z^2\,\mathrm{d}x\,\mathrm{d}y$，其中 Σ 为曲面 $z = \sqrt{x^2 + y^2}$ $(0 \leqslant z \leqslant 1)$ 的下侧.

四、判断下列级数的敛散性（每小题 6 分，共 18 分）.

1. $\displaystyle\sum_{n=1}^{\infty} \frac{3n-1}{n^2+n}$;

2. $\displaystyle\sum_{n=1}^{\infty} \frac{2n+1}{2^n}$

3. $\displaystyle\sum_{n=1}^{\infty} n\sin\frac{1}{2^n}$.

五、(10 分) 判断级数 $\sum\limits_{n=1}^{\infty}(-1)^n\dfrac{n+1}{n^2}$ 的敛散性，若收敛，说明是绝对收敛还是条件收敛.

六、(8 分) 将函数 $f(x)=\ln(x^2+3x+2)$ 展开成 x 的幂级数.

七、(6 分) 求幂级数 $\sum\limits_{n=0}^{\infty}(-1)^n\dfrac{x^n}{n+1}$ 的和函数.

第二学期期末考试试题二

课程名称：高等数学 B2　　　　　闭卷　　　　　120 分钟

题号	一	二	三	四	五	六	七	合计
满分	32	24	12	10	8	8	6	100
实得分								

一、计算下列各题（每小题 8 分，共 32 分）

1. 计算 $\iint\limits_{D} \dfrac{xy}{x^2+y^2}\mathrm{d}\sigma$，其中 D 为圆域 $x^2+y^2 \leqslant a^2$ 在第一象限的部分.

2. 计算 $\iiint\limits_{\Omega} x^2\,\mathrm{d}x\,\mathrm{d}y\,\mathrm{d}z$，其中 Ω 为由平面 $x+y+z=1$ 及三个坐标面所围成的闭区域.

3. 计算 $\iiint\limits_{\Omega} \sqrt{x^2+y^2}\,\mathrm{d}x\,\mathrm{d}y\,\mathrm{d}z$，其中 Ω 为曲面 $z=\sqrt{x^2+y^2}$ 及 $z=1$ 所围成的闭区域.

4. 求球面 $x^2 + y^2 + z^2 = 4$ 被平面 $z = 1$ 所截得的上部分曲面的表面积.

二、求解下列各题（每小题 8 分，共 24 分）

1. 求曲线 $\begin{cases} x^2 + y^2 + z^2 = 6 \\ x - y + z = 0 \end{cases}$ 在点 $M(1,2,1)$ 处的切线及法平面方程.

2. 求函数 $z = x^2 y^3$ 在点 $(1,2)$ 处沿 $A(1,2)$ 到点 $B(2,3)$ 的方向上的方向导数.

3. 求函数 $f(x,y) = x^4 + y^4 - x^2 - 2xy - y^2$ 的极值.

三、判断下列级数的敛散性（每小题 6 分，共 12 分）.

1. $\displaystyle\sum_{n=1}^{\infty} \frac{n-2}{n^2 + 2n + 3}$;

2. $\displaystyle\sum_{n=1}^{\infty} \frac{3n+1}{3^n}$.

四、（10 分） 判断级数 $\displaystyle\sum_{n=1}^{\infty} (-1)^n \frac{n+1}{n^2}$ 的敛散性，若收敛，说明是绝对收敛还是条件收敛.

五、(8分) 求幂级数 $\displaystyle\sum_{n=0}^{\infty} \frac{n^2 x^n}{2^n}$ 的收敛半径和收敛域.

六、(8分) 将函数 $f(x) = \dfrac{1}{x^2 + 7x + 12}$ 展开成 $(x-1)$ 的幂级数.

七、(6分) 求幂级数 $\displaystyle\sum_{n=0}^{\infty} \frac{(-1)^n x^{2n}}{2n+1}$ 的和函数.